U0638722

青 少 年 百 科 丛 书

军事武器

赵志远 主编

新疆美术摄影出版社

图书在版编目(CIP)数据

军事武器 / 赵志远主编. — 乌鲁木齐:新疆美术摄影出版社,
2011.12
　(青少年百科丛书)
　ISBN 978-7-5469-1974-4

　Ⅰ.①军… Ⅱ.①赵… Ⅲ.①武器 – 青年读物②武器 – 少年读物
Ⅳ.①E92–49

中国版本图书馆 CIP 数据核字(2011)第 253862 号

青少年百科丛书——军事武器

策　　划	万卷书香	
主　　编	赵志远	
责任编辑	张好好	
责任校对	祝安静	
封面设计	冯紫桐	
出　　版	新疆美术摄影出版社	
地　　址	乌鲁木齐市西北路 1085 号	
邮　　编	830000	
发　　行	新华书店	
印　　刷	北京佳信达欣艺术印刷有限公司	
开　　本	710 mm×1 000 mm　1/16	
印　　张	10	
字　　数	130 千字	
版　　次	2012 年 1 月第 1 版	
印　　次	2012 年 1 月第 1 次印刷	
书　　号	ISBN 978-7-5469-1974-4	
定　　价	19.80 元	

本书的部分内容因联系困难未能及时与作者沟通,如有疑问,请作者与出版社联系。

目 录

枪

MU LU

火 炮

目 录

MU LU

舰 船

空中战鹰

目 录

激光与雷达

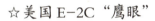

枪

QIANG

☆枪械的分类

枪是人们最熟悉的一种武器,也是引起青少年最大兴趣的一种武器,影片和电视里也经常会出现激动人心、扣人心弦的枪战场面。但是枪是怎么分类的、各有什么特点人们却不一定了解。

枪的主要分类方法有如下几种:按使用对象分可分为:军用枪、警用枪、运动枪和民用枪等;按作战用途分可分为:手枪、步枪、冲锋枪、机枪、特种枪等;按枪械结构和动作方式分可分为:半自动枪、全自动枪、转膛枪、气动枪等。

此外,按口径大小分可分为大、中、小;按重量可分为:重型、轻型、微型。

在名称叫法上又可同时反映以上分类方法的几个特点,如重型机枪、微型冲锋枪、小口径运动步枪等。

捷克 CZ83 手枪

德国瓦尔特手枪

俄罗斯马卡洛夫 9 mm 手枪

中国 54 式 7.62 mm 手枪

54式7.62 mm手枪是我国仿制前苏联TT1930/1933式手枪的产品,于1954年定型,至今仍装备部队,是我国生产和装备量最大的手枪。

☆手 枪

手枪就是以单手发射的短枪，主要由枪管、握把座、击发机构、发射机构和套筒等部分组成。手枪短小轻便，隐蔽性好，可以迅速地装弹和射击，在50米内具有良好的杀伤效力。

最早的手枪是由中国发明的。元代军中使用的一种小型手持火铳可以说是手枪的鼻祖，它经历了700多年的风雨沧桑，到目前为止其形状和功能与当初已有了很大的改变。

按照构造，手枪可分为转轮手枪和自动手枪。转轮手枪，也叫左轮手枪，它是带有多弹膛转轮的手枪。旋转装有枪弹的转轮，可使枪弹逐发对正枪管和击发机构实施射击。自动手枪是利用子弹后座力实现自动装弹入膛的手枪。它是第二次世界大战以后广泛使用的一种新型手枪。

手枪分类

按照用途，手枪又可分为自卫手枪、冲锋手枪和特种手枪。高级指挥官所佩戴的手枪多属自卫手枪，它包括转轮手枪和半自动手枪。目前，特种兵和特警多装备冲锋手枪，这类手枪的主要特点是能够连发，并能配用可卸枪托，抵肩连发射击(枪托大都是手枪的外套)。它的威力大、火力强，有效射程可达150 m，因此，也叫战斗手枪。它是全自动手枪的常用称呼。特种手枪，是指专为特种部队和特工人员研制的性能独特、形状各异的各种手枪，具有微声(即无声)、麻醉和隐形的特点。其中隐形手枪，也称间谍手枪，是以日常生活用品形状伪装的手枪，如钢笔、手套、手杖、提包、雨伞、香烟盒、打火机、照相机和匕首等。常在近距离内突然使用。

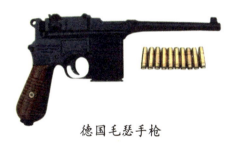

德国毛瑟手枪

美国史密斯手枪

☆ 转轮手枪

转轮手枪是带有转轮式多弹膛的手枪，属于转膛枪的一种。转轮上通常有5～6个弹膛，在发射过程中转轮自动转动，逐个对正枪管发射。转轮手枪分单动式和双动式两种。单动式转轮手枪发射时，需先用手压倒击锤，同时带动转轮转动到位，再扣扳机击发；双动式转轮手枪发射时，在手扣扳机的同时，击锤自动待击，转轮转动到位并自动击发。后期转轮手枪大多采用双动式。转膛枪的出现，大约可追溯到火绳枪的早期。自从1835年美国人S·柯尔特改进成功了第一支真正成功的转轮手枪之后，转轮手枪曾风行一时。由于转轮手枪使用可靠，处理瞎火弹十分方便，至今在一些国家仍有使用，左轮手枪是转轮手枪常见的一种类型。装弹时其转轮从左侧摆出，故名左轮手枪。

美国柯尔特蟒蛇型手枪

口径：9 mm
全长：337 mm
重量：1790 g
弹容：6发

法国MR73狙击型手枪

口径：9 mm
全长：203 mm
弹容：6发
此枪为法国内务部防暴用枪。

转轮手枪结构简单，动作可靠，但与自动手枪相比，它存在容弹量少、初速低、枪管与转轮之间会漏气和冒烟的缺点。尽管大多数国家用自动手枪取代转轮手枪，但一些国家特别偏爱转轮手枪，这是因为它非常可靠，尤其是在遇到瞎火弹时，只需再扣一次扳机即可实现下一发子弹的发射。

☆ 隐形手枪

隐形手枪是把形状设计制造成日常用品的手枪。这种手枪结构设计巧妙,制做精细,便于携带,容易混过侦检,通常情况下即使摆在敌人面前,也不容易被认出来,所以它是间谍人员常用的武器,因此又叫它"间谍手枪"。为了保证枪支的隐蔽性,通常隐形手枪的口径都很小,射程

打火机枪和香烟枪

也很近,是面对面的杀伤武器,因此常在近距离秘密使用。它的制作原理千差万别,外观与日用品一样,有钢笔、提包、钥匙、打火机、手杖、烟斗、香烟盒、照相机等许多种外形。为防止使用时暴露自己,有的还装有消音器。还有的可发射剧毒弹头、喷射毒液、高压电流等非常规枪弹。隐形武器也有向大型化发展的实例,国外曾发现伪装于旅行包中的冲锋枪和伪装在高级轿车中的机枪。

☆ 奇形怪状的间谍枪

是以单手发射的短枪,是供军官、特种兵、警察和执行特殊任务的间谍人员使用的小型枪械。手枪由于短小轻便,隐蔽性好,便于迅速开火,所以成为这些人的专用武器,而间谍手枪更加奇异多样。

间谍枪,往往制作得十分精致,还常常巧妙伪装成生活用品,秘密携带,出其不意地射击,使敌人防不胜防。

烟盒枪,很像一包普通的香烟,揭开锡纸,里面便露出小口径的枪管。烟盒枪的侧面装有压杆式触发器,用手指一按,烟盒里面就会射出子弹来。公文箱枪,外表看起来和普通手提包没有多大区别,然而里面却装着枪械设施,并带有消音筒。这种枪在箱子的提手下面有一个铜指环。只要扣动铜环,使触发杆启动扳机,子弹就会从箱子的小孔里射出去,而且声音很小,一般不易觉察。此外,还有手杖枪、钥匙枪、钢笔枪、烟斗枪、打火机枪、腰带扣枪等,形形色色,无奇不有。

匕首枪

☆ 自动手枪

自动手枪是射击中在火药气体的作用下,可实现再次装弹入膛的手枪。分为两种,一种是只能打单发的半自动手枪,又称自动装填手枪。由于半自动手枪使用最为广泛,习惯上也称为自动手枪。另一种是可以打连发的全自动手枪,又称冲锋手枪。自动手枪的口径通常为7.62～11.43毫米,以9毫米为多见;长200～300毫米,重约1千克,大多采用装于握把内的弹匣供弹,容弹量通常为8发,打单发时,射速约40发／分,有效射程约50米。自动手

枪出现于19世纪末叶,由于其具有装弹快、容弹多、射速快、威力大等特点,很快世界各国都开始使用,以此取代了转轮手枪。有的全自动手枪(冲锋手枪)在必要时可加装肩托,用双手握持抵肩射击,有效射程可增加到150米,所加肩托一般由枪盒或其他附件(如匕首等)兼做。连发射击时火力猛、射速快,有的射速高达110发／分。世界上最早被广泛使用的冲锋手枪是1932年德国制造的毛瑟冲锋手枪。

中国64手枪

以色列乌齐手枪

MK23特种手枪

特种队员使用HK公司的MK23特种手枪。该枪发射威力强大的11.43 mm ACP弹,还可加装消声器和战术灯。

口径:9 mm
全长:243 mm
重量:1685 g
弹容:32发
乌齐9 mm 手枪是以色列乌齐冲锋枪的缩短型,只能半自动射击。目前在警察和特种部队中广泛使用。

☆ 微声手枪

俗称"无声手枪",是射击时噪声及枪口焰、烟很小的手枪。由于采用了枪口消音器和其他一些技术措施,削减了射击时的噪声和火光,使用时可以隐蔽射击行动,成为侦察兵和特工人员使用的特种手枪。有关枪械射击时噪声和火光的主要来源和削减办法为:一则对膛内高温高压的

微声手枪

HKP—11式7.62 mm水下无声专用手枪

HKP—11式7.62 mm水下无声专用手枪是德国黑克勒和科赫责任有限公司(HK)于20世纪70年代为水下特种部队研制,1976年正式装备使用,海军蛙人部队的一种专用武器。这种手枪装配一种特制的箭形贫铀子弹,能在地面和水下使用,引起了西方国家海军特种部队较高的兴趣,成为世界许多国家,特别是欧洲国家一种特种编制武器,在问世前后一段较长的时间内,曾经是德国及相关国家的高级机密。

火药气体喷出枪口时产生的巨大膛口噪声和火光,主要以安装枪口消音器来削减;二则对抗开锁时膛尾的噪声,常采用增加枪机自由行程、使用半自由枪机、加大自由枪机质量或采用前冲击发等延迟枪机开锁时机的办法来削减;三则对高速射出的弹头,在空气中形成的飞行噪声,因其主要是由弹丸速度接近或超过音速所致,故而削减办法是控制弹丸速度,使其不超过音速。枪口消音器的作用,则在于将膛内喷出的高温高压火药燃气,封闭在网式、封闭式或隔板式消音器筒内,消耗它的能量,再缓慢排出枪外。一般可把150～170分贝的枪声降低到60～90分贝,枪口处基本无火光。微声手枪的弱点是体积较大,重量较重,射程较近,因此使用范围仍很有限。

☆世界著名手枪

世界上第一支原始手枪——石弹火门枪。它的诞生地是意大利，19世纪末20世纪初意大利人就开始了手枪的大量生产，今日意大利生产的手枪流行于世界各地，为各国军队竞相采用，就连美国这样的军事强国都采用意大利的9毫米92F式手枪作为其新的制式手枪，美国称其为M9式手枪。

马卡洛夫HM手枪

使用国家最多的军用手枪是美国的M1911AI式手枪。

许多国家军队和警察使用的制式手枪是瑞士的M75式P220手枪及其变形枪P225、P226、P228，最令人感兴趣的是通过变换装置可把手枪从一种口径变成另一种口径，可发射三种手枪弹。

德国是世界上著名手枪的生产国，也是手枪的故乡。世界上第一支自动手枪、第一支真正的军用手枪、第一支冲锋手枪均出自德国。世界著名的手枪设计大师——伯格曼、毛瑟和沃尔特都是德国人。比利时的勃朗宁大威力手枪为世人熟知，已被50多个国家的军队所采用。比利时的手枪工业在世界上享有盛名。

捷克的Cz75手枪是公认的第二次世界大战以来最优秀的一种手枪。奥地利拥有世界著名的手枪制造公司——斯太尔公司和格洛克公司。格洛克17手枪是目前世界上的一种新型手枪。

装备时间最长的是前苏联的9毫米马卡洛夫HM手枪。曾在前苏军中服役40年，其雄风犹在，原华约诸国及我国的59式手枪都采用了马卡洛夫设计原理。

德国HK公司HKP2000手枪

☆美国柯尔特M1911式手枪

在自动手枪的发展历史上,美国柯尔特M1911式及其改进型M1911A1式是获得赞誉最多的手枪之一,有时也直接简称它为ACP——Automatic Colt Pistol(柯尔特自动手枪)。它的设计者是大名鼎鼎的美国著名枪械设计师和发明家约翰·M·勃朗宁。

柯尔特公司生产的M1911A1型手枪,在美军中列装长达70年,先后经历了第一次、第二次世界大战、朝鲜战争和越南战争的战火洗礼,不论对美军还是对世界手枪的发展都产生过深远影响。

M1911式基于勃朗宁设计的M1905式手枪,于1911年定型为M1911式。1923年,对该枪进行了改进,取名M1911A1式,于1926年正式列装。该枪全长为215毫米,枪管长127毫米,枪全重1.36千克,有效射程为50米,初速为253米/秒,弹匣容量为7+1发。

关于此款枪的威力有许多传说,最惊人的就是1918年时一个名叫阿尔文·约克的美军下士用一支步枪射杀了德军的一个机枪组,然后用M1911式柯尔特手枪威逼着132名德国士兵放下武器,令他们结队走向俘虏营。

M1911A1式手枪

萨缪尔·柯尔特

柯尔特枪族与前苏联AK枪族、比利时FN枪族一样,在国际兵器界具有很大的影响。柯尔特公司的创始人萨缪尔·柯尔特被公认为现代左轮手枪的创始人。萨缪尔·柯尔特1814年6月9日出生于美国康涅狄格州的一个普通家庭,他从小就十分痴迷手枪设计。1835年10月,萨缪尔·柯尔特获得专利号6909的英国左轮手枪专利。

此后从1847年到1860年,柯尔特陆续推出了12种左轮手枪,而1846年美国和墨西哥之间发生的战争令柯尔特的事业攀上一个全新的台阶,他所设计的M1847左轮手枪被美国政府大量采购,他的柯尔特公司也因此迅速发展壮大,一举成为世界知名的大军火生产企业。

☆以色列"沙漠之鹰"手枪

IMIDesertEagle(沙漠之鹰)是以色列军事工业公司（IMI）在1982年推出的大型半自动手枪,使用的是通常只在大型转轮手枪上才看得到的麦格农子弹。

"沙漠之鹰"手枪

子弹规格:44 Magnum

枪重:1.89 kg

全长:269 mm

弹匣容量:8+1

对于普通平民来说,"沙漠之鹰"用作自卫是不适合的,但作为靶枪或狩猎手枪,沙漠之鹰非常优秀。

"沙漠之鹰"彪悍的外形,很受好莱坞导演的青睐。1984年在动作片《龙年》中,"沙漠之鹰"第一次在电影中登场,从此以后,它在近无数部电影、电视中亮相。国内的电影观众印象最深刻的恐怕是阿诺德·施瓦辛格的电影《最后的动作英雄》里面那个一边驾驶敞蓬车一边单手用"沙漠之鹰"将歹徒打得落花流水的形象。

☆美军伯莱塔92F型手枪

1985年由意大利伯莱塔公司研制的伯莱塔92F型手枪力压群雄,被美军选为新一代制式军用手枪,并在美军中重新命名为M9手枪。从此伯莱塔92F型手枪便"一枪走红"。该枪发射9毫米巴拉贝鲁姆弹,全长217毫米,空枪重0.96千克,初速333.7米／秒,有效射程50米。

特点:一是射击精度高。该枪的开闭锁动作是由闭锁卡铁上下摆动而完成,避免了枪管上下摆动时对射弹造成的影响;二是枪的维修性好,故障率低。据试验:枪在风沙、尘土、泥浆及水中等恶劣战斗条

件下适应性强,其枪管的使用寿命高达10000发。枪自1.2米高处落在坚硬的地面上不会出现偶发,一旦在战斗损坏时,

伯莱塔92F型手枪

口径:9 mm

全长:215 mm

重量:965 g

弹容:15发

较大故障的平均修理时间不超过半小时，小故障不超过10分钟；三是人机工效设计合理。枪的表面为无光泽的聚四氯乙烯涂层，不反光、耐腐蚀。

毛瑟M1934手枪

最早的驳壳枪是德国毛瑟兵工厂的菲德勒三兄弟，利用工作闲聊设计出来的。但是该枪最后申请专利者是毛瑟兵工厂的老板，所以驳壳枪也叫毛瑟手枪。驳壳枪，中国又称盒子炮，其正式名称是毛瑟军用手枪(MauserMilitaryPistol)。毛瑟厂在1895年12月11日取得专利，次年正式生产。由于其枪套是一个木盒，因此在中国也有称为匣枪的。有一种全自动型的，称做快慢机。毛瑟M1934袖珍手枪是毛瑟M1910袖珍手枪的改进型，也叫张嘴蹬，这两种手枪的枪管都露在套筒外面，好像张着嘴，因此得名。

☆ QSZ92式9毫米手枪

QSZ92式9毫米手枪是我国新一代军用手枪。它性能先进，结构新颖，可靠性高，操作方便，造型美观，广泛采用了新材料、新工艺、新结构。1999年12月20日，该枪正式装备驻澳部队，以其新颖的设计、独特的结构、优良的性能，引起世人关注。该枪的有效射程为50米，初速为350米／秒，全长190毫米，枪管长111毫米，全枪重（含一个空弹匣）为760克。故障率小于0.2%，全枪寿命大于3000发。该枪使用DAP92式9毫米普通弹（口径与国际接轨，并且可以通用国外的9毫米"巴拉贝鲁姆"手枪弹），该弹具有射击密集度小（在25米距离上，射弹20发，其散布圆半径不超过60毫米）、侵彻力强（在50米距离上，穿透1.3毫米厚的头盔钢板后，仍可击穿50毫米厚的松木板，而其他手枪弹均不能击穿钢板）。弹匣双排供弹，容弹量15发，可加装激光瞄准具，也可加装枪口消音器。该手枪由枪机组件、发射机组件、弹匣组件、握把组件、枪管、枪管套、复进簧、复进簧导杆和联接座等零部件组成。

QSZ92式9mm手枪

☆格洛克18式9毫米手枪

格洛克18式9毫米手枪由奥地利格洛克公司制造,格洛克18式手枪是格洛克17式手枪的改进型,只供给特种部队和特种武器突击分队以及军事人员使用。

格洛克手枪的主要特点是广泛采用塑料零部件,质量小,而且机构动作可靠,容弹量也大。格洛克手枪另一个显著特点是扳机保险装置和击发装置:该枪的扳机机构类似双动扳机,预扣扳机5毫米行程后,锁定的击针被解脱,呈待击发状态;再扣2.5毫米行程就能释放击针打击底火。

格洛克17式手枪

格洛克17式9 mm手枪(名字源于装17发的弹匣)是奥地利格洛克有限公司于1983年应奥地利陆军的要求研制的。现今,格洛克手枪已经发展成为具有4种口径、8种型号的格洛克手枪族,并被40多个国家的军队和警察装备使用。尤其在美国,它占据了40%的警用自动手枪市场,基本型格洛克17式手枪成为现代名枪之一。

格洛克手枪扳机保险装置的优点很多。首先是它的使用简便性:扣压扳机就能击发,手指离开扳机就能自动处于保险状态;第二是每次击发的扳机力都是一样的;第三,假如手枪掉在地上或者从射手手中脱落,扳机保险装置能自动地处于保险状态,以避免走火事故的发生。

格洛克20型手枪的性能数据:

弹种:9×19 mm帕拉贝鲁姆手枪弹
膛线:六边形,右旋
容弹量:17、19或33发
理论射速:1300发/分
发射方式:单发、连发
供弹方式:弹匣
全枪质量:636 g(不含弹匣)

格洛克18式9 mm手枪

☆ HK-P7 系列手枪

HK-P7系列手枪现已成为德国警察和军队的制式武器,并为美国等军警部队使用。P7系列手枪有P7M8、P7M13、P7k3等多种型号,但P7k3式与P7不同的是采用自由枪机式工作原理。

HK-P7系列手枪都采用半自由枪机式工作原理。突出特点是有气体延迟后坐机构。击发时,当弹头脱离弹壳后,部分火药气体穿过位于弹膛前方的导气孔进入枪管下方的气室内,进入气室内的火药气体又向前作用于与套筒相联的活塞,阻止套筒剧烈后坐。

HK-P7系列手枪采用击针平移式双动扳机机构,它的握把前部兼作保险压杆,手握握把,保险杆压下,保险解脱并使得击锤待击,手松握把,手枪恢复到保险状态。

HK-P7手枪主要性能数据:

容弹量:13发
全枪质量:780 g
全长:194 mm
枪管长:105 mm
膛线:6条

USP手枪

USP是德国赫克勒-科赫公司生产的通用自动装填手枪。该枪是HK公司为了满足民用市场、执法部门和军方的需要而设计的。USP有三种口径分别是9 mm×19、45ACP、40S&W。USP可以发射最大威力的9 mm枪弹。1993年USP开始投入生产,而且每种口径的USP都有9种型号,不同型号间的区别只是扳机方式、控制杆功能和位置的不同,而且每一种型号都可以任意修改为另一种型号。

USP手枪是一支实用的手枪。采用经改进的勃朗宁手枪的机构作为基本结构。全枪由枪管、套筒、套筒座、复进簧组件和弹匣5个部分组成,共有53个零部件。

☆步 枪

步枪是一种单兵肩射的长管枪械,主要用于发射枪弹,杀伤暴露的有生目标,有效射程一般为400米。短兵相接时,也可用刺刀和枪托进行白刃格斗,有的还可发射枪榴弹,并具有点、面杀伤和反装甲能力。

步枪按自动化程度可分为非自动、半自动和全自动三种;按用途可分为普通步枪、骑枪(卡宾枪)、突击步枪和狙击步枪等。

德国 G36 突击步枪

德国的G36突击步枪于1995年才开始列装,属于第三代突击步枪,该枪采用折叠枪托,枪托的设计也别出心裁,中间是透空的,不仅质量轻,而且折叠后不影响射击。此外由于采用有托设计,G36射击时枪口的噪声和火药残烟对射手的影响也很小。

非自动步枪是最古老的一种传统兵器,自13世纪出现射击火器后,经过约600年的发展,基本趋于完善。这种步枪一般为单发装填。半自动步枪是能够自动完成退壳和送弹的一种单发步枪,它是19世纪初开始研制、并在两次世界大战中广泛应用和发展的一种步枪,其战斗射速一般为35~40发/分,扣动一次扳机只能发射一发子弹。自动步枪是能够进行连发射击的步枪,它的战斗射速单发时为40发/分,连发时为90~100发/分。这种步枪能够自动装填子弹和退壳。

枪械的口径

枪械的口径一般分三种:6 mm以下为小口径;12 mm以上(不超过20 mm)为大口径;介于二者之间为普通口径。目前使用较多的是5~6 mm的小口径步枪,其特点是初速大、弹道低伸、后坐力小、连发精度好、体积小、重量轻。近年来,英、美、德等国也在发展5 mm以下的微口径步枪。

☆卡宾枪（骑枪）

卡宾枪原称骑枪，又称马枪，它的结构与步枪相同，只是枪身稍短，便于骑乘射击。卡宾枪是15世纪末开始研制的一种步枪，当时主要用于骑兵和炮兵，实际上它是一种缩短的轻型步枪。现代卡宾枪和自动步枪已无大区别。

德国1898年式毛瑟步枪问世以后，曾出现过缩短了枪管的改型枪即卡宾枪，型号为98k式毛瑟步枪，亦称为短步枪。该枪全长由1898年式的1250毫米缩短为1107毫米。1935年德军开始装备98k式卡宾枪，该枪在第二次世界大战中被大批量生产，是二战时期德军的主要装备。

第二次世界大战和朝鲜战争时期，在冲锋枪鼎盛发展的同时，卡宾枪的发展也空前活跃，因为战场上需要这样短而轻、机动性好的武器。两枪相比，冲锋枪火力密集，但由于发射手枪弹，威力较小，射程较近；而卡宾枪属于步枪类，在威力和射程上优于冲锋枪。在这两次战争中，仅美国的M1卡宾枪及其改型枪就生产了600多万支，被美军及盟军广泛使用。至今，在一些国家中仍可看到它。

美国M4A1卡宾枪

M4A1体积轻巧，加装内红点瞄准镜和战术强光手电筒，提升了夜战能力和命中率，能全自动射击，火力强大，在近距离短兵相接中极具威力。

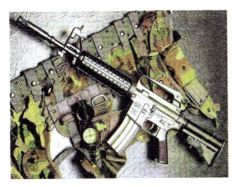

柯尔特M177E2卡宾枪

☆ 突击步枪

自动步枪,指自动进弹、连续击发、具备全自动射击能力的步枪。利用推进弹头的部分气体或后坐力进行退弹壳、装弹并再次射击的步枪,也就是说,只要扣住扳机不放,就能连续射击,直到枪内子弹用尽。而非自动步枪只能单发,而且装弹和退壳都要手工操作,射速低、使用不便。突击步枪是根据现代战争的要求(在缩短的作战距离上,需要有更高的火力威力和更好的机动能力),将步枪和冲锋枪所固有的最佳战术技术性能成功地结合起来。现多指各种类型的能全自动、半自动、点射方式射击,发射中间型威力枪弹或小口径步枪弹,有效射程300~400米的自动步枪。

当代突击步枪的两个标杆系列:美国的M16系列和俄国的AK系列。现代自动步枪与突击步枪是一回事,只是称呼不同而已。需要指出的是,"自动步枪"这个枪名早于"突击步枪",而且旧式的自动步枪发射大威力步枪弹,而突击步枪限定只能发射小口径枪弹或中威力步枪弹(包括个别简装大威力步枪弹)。

以色列伽利尔突击步枪

伽利尔突击步枪的设计者是以色列人伽利尔。以色列人的精明与能干是举世公认的,他们设计的枪械也是别具一格,除了享誉世界的乌齐冲锋枪,伽利尔步枪也有其独到之处,并受到众多国家的关注。由于以色列地处中东沙漠地带,恶劣的环境对武器要求很高,以色列大胆地将AK步枪的枪机、枪机框以及M16步枪的枪管融合设计到一起,不但顺应了小口径弹药的发展趋势,而且继承发扬了AK步枪结构简单、经久耐用的优点。该枪动作可靠,射击精度高,缺点是全枪质量过大,几乎与7.62 mm口径的步枪相当。

伽利尔突击步枪

☆ HK53 短卡宾枪

德国HK53短卡宾枪是HK33系列中最短的型号，其大小与冲锋枪相当，却拥有突击步枪的威力，所以它既不完全算是步枪，也不等同于传统意义上的冲锋枪。冲锋枪的传统定义一般是指发射手枪弹的全自动武器，HK53虽然是发射步枪弹，理论上有效射程为400米，但枪管长度只有211毫米，初速低，因此一般战斗范围只在200米内，勉强有资格称之为卡宾枪。对于这一类武器，有些人按照其战术用途划分为"冲锋枪"，另一些人则严格遵守传统的冲锋枪定义，不承认HK53是冲锋枪，于是就称其为短卡宾枪或短突击步枪。虽然步枪弹威力和射程都比手枪弹大，不太适合治安部队使用，但比起发射手枪弹的MP5，HK53更适合对付穿防弹衣的嫌疑犯。

HK53型号中还有一种HK53-MICV，这是专为乘坐装甲车的战斗人员在车内通过射孔对外射击而研制的，其实就是射孔枪。在枪管上有固定在射孔上的装置。HK53-MICV的主要特点是开膛

HK53-MICV 短卡宾枪

待击，虽然对精度不利，但对于机械化步兵所配用的冲锋枪来说，关键是要解决枪的散热问题。

HK53 短卡宾枪

☆ AK 自动步枪

俄罗斯的AK自动步枪由卡拉什尼科夫设计，是目前世界上各国军队装备使用最多的一种步枪，特别是在东欧和亚洲各国军队中都能看到它的身影。在阿富汗战场，无论是塔利班，还是北方联盟，其士兵的主要装备也是AK步枪。为什么AK自动步枪在世界各国军队中装备如此之多呢？因为这种自动步枪构造简单、可靠、耐用、轻盈，不论谁都会使用。如果把它放入水中几个星期再拿出来，给它推上子弹，照样能"嗒嗒嗒嗒"地射击。而美国的M-16自动步枪，如在水中存放几个星期，就可能因生锈、卡壳不能使用。在越南战争期间，美国兵在战场上一旦从战死的越南人身上捡到一支AK自动步枪，就

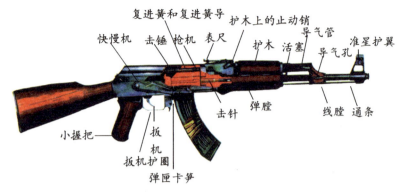

复进簧和复进簧导　护木上的止动销
快慢机　击锤　枪机　表尺　护木　活塞　导气管　准星护翼
　　　　　　　　　　　　　　　　　　　导气孔
击针　弹膛　　　　线膛　通条
小握把
扳机
扳机护圈
弹匣卡笋

AK47 式 7.62 mm 突击步枪

AK—74 步枪

AK—74步枪是由卡拉什尼科夫领导的设计小组在AKM突击步枪的基础上改进而成的，由前苏联制造。1974年定型生产，它是前苏联装备的第一种小口径步枪，也是世界上大规模装备部队的第二种小口径步枪（第一种是美军的M16自动步枪）。AK—74几乎继承了所有AK—47的优点，结构简单、稳定耐用、性能优良。但由于是采用小口径弹药（5.45 mm），其威力要比AK—47差一些，但远距离穿透力要高于7.62 mm的弹药。俄罗斯根据AK—74制造出了很多的变型枪械，如：AKS—74U、AK—74N、AK—74M、APSAH—94（AN—94）等。其中AN—94被称为新一代的枪王。

会把手中的M—16扔掉。

AK自动步枪是为极端气候条件下——炎热的沙漠或冰天雪地作战而设计的。它采用气体传动，枪闩和活塞是不会氧化的。在连续射击导致金属发热膨胀或有异物尤其是灰尘进入枪内时，步枪的机械结构仍能继续工作。1991年海湾战争期间，美国兵给自己的M—16自动步枪的枪管套上一个橡皮套来防止灰尘，而装备AK自动步枪的伊拉克士兵就用不着这样做。

☆美国M16步枪

M16步枪可谓AK—47的"欢喜冤家"。40多年来，美国所参与的所有海外战争在某种程度上几乎都是M16与AK—47的较量。

别看M16步枪使用的5.56毫米子弹口径小，但其弹头射入人体后会产生翻滚，破坏人体内部组织，造成巨大的创口面。

在越南战争中，由于美军使用的M16步枪大多采用黑色外观，以致越南游击队曾流传"小心黑枪"的说法。不过，早期的M16步枪没有设计快慢机，射速过高，使一些士兵经常在任务未结束前就打光了子弹，再加上美国人急匆匆地把M16步枪送上前线，未进行彻底的可靠性检查，一度出现枪膛进水就无法射击的情况。越战期间，有的美军士兵宁可丢掉手中的M16而去使用AK-47。

"知耻而后勇"，美国始终没有停止对M16步枪的改进和完善。如今美军使用的改进型M16A2步枪和衍生型M4卡宾枪已在可靠性方面不亚于AK-47的水平，何况在射击稳定性和准确性方面还遥遥领先。这使M16成为装备广泛程度仅次于AK-47系列的突击步枪。

美国M16步枪

M16A2步枪

美国M16A2式突击步枪是从M16A1式发展而来，使M16A2比M16A1最大有效射程由400 m增至800 m（使用5.56 mmSS109弹），可发射所有北约制式枪榴弹；枪管下面挂装M203榴弹发射器，能发射任何一种40 mm枪榴弹。

美国M14式7.62步枪

M14基本上是在M1步枪的基础上研制的。它是美国制造的可选射击模式步枪，但生不逢时，20世纪60年代美国介入越南战争，在东南亚丛林作战中M14式步枪显得比较笨重，单兵携带弹药量有限，而且弹药威力过大，全自动射击时散布面太大难以控制精度。后来被M16自动步枪所取代。

M14步枪具有精度高和射程远的优点，1969年美国军方根据M14研制出M21狙击步枪，受到部队的欢迎。美军在2003年对阿富汗、伊拉克的战争中，重新启用了更多的配上两脚架和瞄准镜的M14，攻击开阔地的目标，提供远射程支援火力。尽管M14步枪作为军用步枪不能算成功，但是在民用市场有很好的销路，多家工厂继续生产民用型M14步枪出售。

☆ 比利时 FNFAL 突击步枪

1940年5月，在纳粹德军铁蹄下的比利时重镇列日，一名负伤的比军士兵被德国兵追得几乎无路可逃，幸亏路边酒店的女老板用酒窖作掩护，使他逃过一劫。女老板做梦也没想到，自己的这番义举为比利时乃至整个西方挽救了一位天才的枪械设计师——塞弗。

二战结束后，回到祖国的塞弗已是小有名气的兵工厂技师。他敏锐地感觉到结合老式手动步枪远射程和冲锋枪瞬间火力猛特点的突击步枪具有远大前程，开发出备受北约军队欢迎的战后第一代新型突击步枪——FNFAL。

由于FNFAL易于生产，价格较低，所

FNFAL 突击步枪

以很快被列为北约军队的制式步枪，并很快普及到为数众多的拉美、亚洲、非洲国家。还有不少国家进行仿制或特许生产。这使得FNFAL成为二战后产量最大、生产与装备国家最多、分布最广的军用步枪之一。

法国FAMAS突击步枪

口径:5.56 mm

全长:757 mm

重量:3380 g

弹容:25 发

该枪由法国地面武器工业集团生产。有标准型、出口型、民用型、突击队员型等变型枪。

法国在设计FAMAS突击步枪时还充分考虑到了发射类似榴弹的可能性问题，在尾部配有消焰器，可作为枪榴弹插座，发射各种榴弹。

芬兰M82型突击步枪

1978年,芬兰瓦尔梅特公司应机械化步兵和空降兵的要求研制出M82突击步枪。该公司彻底抛开了传统武器的设计方式,采用"无托枪"形式,用较短的、容纳机匣的枪托取代了原来的标准枪托。M82有半自动型和自动型,分别发射5.56 mm和7.62 mm枪弹。它重量比大多数突击步枪稍重一些,射击稳定。扳机容易控制,射手能很快掌握射击要领。缺点是质量不平衡和左撇子射手不能使用。芬兰已装备部队并投入使用。在商业上M82型突击步枪也获得成功。它的民用型大量投入市场,主要供应北美一些国家。

M82型突击步枪

全长:710 mm

重量:3730 g

弹容:30发

☆81式自动步枪

中国81式自动步枪是上世纪70年代初设计的,1981年设计定型,它包括81式7.62毫米步枪（木托）、81-1式7.62毫米步枪（折叠枪托）、81式7.62毫米轻机枪。这3种武器的主要结构相同,约有65种零部件可以互换通用。该枪族的出现,使中国的武器基本适应了当今世界一枪多用、枪族系列化、弹药通用化的发展趋势,极大地方便了部队的训练、使用和维修,既加强了战斗力,也为枪械互换、增强火力提供了条件。

81式自动步枪既可对400 m内的单个人员目标实施有效射击,也可集中射击500 m距离内的集团目标,弹头在1500 m处仍有杀伤力。该枪使用7.62 mm子弹,采用弹匣送弹,气体操纵,即可进行半自动射击,又可进行自动射击,还可发射枪榴弹。该武器在100 m距离上,使用56式普通弹,可射穿0.6 cm厚的钢板,15 cm厚的砖墙,30 mm厚的土层或40 cm厚的木板。

☆中国95式突击步枪

95式5.8毫米自动步枪是我国新一代的制式自动步枪，1995年设计定型，现已开始陆续装备部队。

该枪采用无托式结构，自动方式为导气式，机头回转闭锁，可单、连发射击，供弹具有30发塑料弹匣和75发快装弹鼓两

中国95式突击步枪

种，机械瞄准装置照门为觇孔式。配有降噪音、降火焰的膛口装置。

该自动步枪能发射40毫米枪榴弹系列；并可加挂能快速拆卸的35毫米榴弹发

射器；还配有3倍的白光瞄准镜和微光瞄准镜，微光瞄准镜可在夜间弱光条件下对200米以内移动目标精确瞄准。该枪配的多功能刺刀可快速装卸。

95式5.8毫米枪族包括：自动步枪、班用机枪及4个配属产品——白光瞄准镜、微光瞄准镜、多功能刺刀及下挂榴弹发射器。另外还有短步枪及折叠式枪托的步枪。以自动步枪为新枪族的主体枪，其他各种枪与步枪基本结构相同，而自动机、供弹具等大部分零部件可以互换或通用。

95式5.8毫米枪族结构优化设计，布局合理，采用了新技术、新工艺、新材料使综合性能得到明显提高，各项技术指标达到先进水平，显示我国步枪的发展到了一个全新的阶段。

5.8 mm班用枪族除了自动步枪、班用机枪以外，还包括短自动步枪和折叠托步枪。短自动步枪于1999年和2000年进行了定型试验，2001年被命名为QBZ95B式5.8 mm短自动步枪；折叠托自动步枪于2003年设计定型，被命名为QBZ03式5.8 mm自动步枪。

☆冲锋枪

冲锋枪是一种单兵连发枪械,它比步枪短小轻便,具有较高的射速,火力猛烈,

德国 HK 公司 MP5 型冲锋枪

口径:9 mm
全长:660 mm
重量:2450 g
弹容:10发,15发,30发

适于近战和冲锋时使用,在 200 米内具有良好的作战效能。

冲锋枪的结构较为简单,枪管比较短,采用容弹量较大的弹匣供弹,战斗射速单发为 40 发/分,连续发射时 100～120 发/分。冲锋枪多设有小握把,枪托一般可伸缩和折叠。

冲锋枪是第一次世界大战时开始研制的,当时主要是9毫米口径的冲锋枪。第二次世界大战中,不同型号和不同口径的冲锋枪相继问世。战后以来,随着自动步枪的发展,冲锋枪与自动步枪的区别越来越

汤姆逊冲锋枪

汤姆逊冲锋枪是世界上最早诞生的实用型冲锋枪之一,它伴随美军和其他盟国军队经历了整个第二次世界大战。图为手持汤姆逊冲锋枪的丘吉尔首相。

小,有些已很难定义和分类,如德国的 STG44 突击步枪、前苏联的 AK47 自动步枪等通常也称为冲锋枪,其口径多在 7.62 毫米左右。

美国卡利科冲锋枪

全长75.5 cm,重2.5kg,采用大容量圆柱螺旋弹匣供弹,容弹量提高到了100发。弹匣位于枪体后,与枪管平行。

☆中国05式冲锋枪

中国05式5.8毫米微冲是为了替换85式7.62毫米微冲设计的。主要装备我军的侦察分队、特战分队、特勤分队等，可杀伤150米内的有防护有生目标和200米内的无防护有生目标。

05式冲锋枪采用先进的工艺制作，秉承95式的无托结构，采用独特的枪管结构，有效缩短了全枪长度，便于单手持握。采用可拆卸式消声结构消声器，通过螺纹与枪身连接。

无论高温、低温还是在风沙、高原地区，05式冲锋枪都具有良好的可靠性和精度高、弹道偏差小的优点。此外，该枪配有白光、微光瞄准具和激光指示器，可以精确地射击。

中国05式冲锋枪

☆意大利伯莱塔M12S冲锋枪

意大利9毫米伯莱塔M12S冲锋枪由伯莱塔兵工厂生产，是世界上第一流新型冲锋枪之一。武器短小粗壮，结构合理，机匣、发射机框、握把及弹仓成一整体件，保证了在任何恶劣条件下动作可靠。初速

伯莱塔M12S冲锋枪

伯莱塔M12S-2冲锋枪（局部）

为365米／秒，射速500～550发／分，可单、连发射击，弹匣容量20～40发，枪长418毫米，枪重3.2千克。目前世界上十几个国家装备了该枪。

☆柯尔特冲锋枪

柯尔特9毫米冲锋枪是美国柯尔特制造公司研制的,目前装备美国执法机构、海军陆战队,其他一些国家也装备有此枪。

该枪结构紧凑,操作轻便,射击精度好。柯尔特以M字作为军用产品编号,向执法部门销售的型号则为RO。型号有:RO633、RO634、RO635、RO639。

柯尔特9 mm冲锋枪

柯尔特9 mm冲锋枪是一种具有AR—15外型,但采用后座作用、闭锁式枪机设计运作的冲锋枪,发射9 mmx19 mm手枪弹。

在外观上,柯尔特9 mm冲锋枪有很多部件源自AR—15,包括枪托、握把、提把、护木和机匣外型等,由于采用AR—15相同的直托缓冲系统,可降低射击时的后坐力及提高准确度,弹匣参考自以色列的乌齐冲锋枪的双排设计。

☆ KRISSXSMG 冲锋枪

45口径KRISSXSMG冲锋枪由瑞士转换防务工业公司研制。与其他全自动武器相比,这种独特的设计不仅大大降低了后坐感,并且使枪口在全自动射击时基本不会上跳,使用起来十分方便。

45口径子弹的强大后坐力最终"被驯服"。尽管大多数机关枪都会像倔驴一样向后"踢",但KRISS冲锋枪的革命性开火机构使后坐力向下,而不是像其他武器直接作用于你的肩膀。

在当今战场上,敌人从来不会给你第二次机会。如果你还需要时间对来敌活动进行判断,这几乎就宣判了你的死亡。你需要快速、精炼和准确的武器以及像45口径这样的子弹(能以每分钟4500发的速度发射),如此一来,你便拥有了战胜一切的力量。

KRISSXSMG 冲锋枪

☆ 狙击步枪

狙击步枪是狙击手专用的远距离高精度步枪,用以对600~1000米内单个重要目标(如指挥员、观察哨、机枪射手等)实施精确射击。据越南战争统计,狙击步枪平均发射1.3发子弹,就可以消灭1个敌人,以致有人称它为"一枪夺命"的武器。海湾战争中,美国曾将陆军近1/4装备M24式狙击步枪的狙击手派到战场。战后,狙击步枪,尤其是12.7毫米及其口径以上的大口径狙击步枪"火"了起来。

国产M99大口径狙击步枪是一款性能先进、用途广泛、精度高、射程远、重量轻、结构新颖、性能可靠、易维护的大口径半自动狙击步枪。

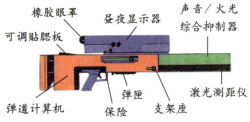

狙击枪结构图

德军G22狙击步枪

在世界枪坛中,德国枪别具特色。德国人严谨细致的作风造就出无数令军人、尤其是特种兵啧啧称奇的精密枪械,G22狙击步枪就是其中风头正劲的一种。该枪采用温彻斯特·马格努姆枪弹,在1 km内的首发命中率达到90%,能在100 m内穿透20 mm的装甲钢板。该枪于1998年装备德国陆军,在阿富汗战场上发挥了不可忽视的作用。

当前,士兵的防护水平越来越高,现有的5.56 mm和7.62 mm的狙击步枪在射程和威力方面已显弱势,积极发展新型12.7 mm大口径狙击步枪成为各军事强国的新赛场。如美国巴雷特M82A1、M107狙击步枪(LRSB)、英国的AW50FT、俄罗斯的OSV96、匈牙利的"杰帕德"等都不失为这一竞赛的好手。

☆德国 SSG3000 狙击步枪

SSG3000是SIG公司在1984年推出的，实际上是德国Sauer公司设计和生产的。

SSG3000 与 SSG2000 都是旋转后拉式枪机，但SSG3000采用的是黑色麦克米伦（McMillan）玻璃纤维枪托，而SSG2000则是胡桃木枪托。两支枪在外形上的最大区别是SSG3000 在枪身两侧有开槽。在Sauer和SIG分家之后，SSG3000的名称前面就去掉了SIG的字样，改称为SauerSSG3000。

德国 SSG3000 狙击步枪有三种不同的枪托类型，因此也有三种不同的名称，分别为欧洲型（SauerSSG3000Euro）、二级

SSG3000 狙击步枪

型（SauerSSG3000LevelII）和三级型（SauerSSG3000LevelIII）。欧洲型前护木两侧各有 4 个开孔，二级型和三级型的护木差不多，但三级型比二级型稍重 0.5 千克，而且表面有粗糙式的凹凸防滑纹。

SVD 狙击步枪

SVD狙击步枪是前苏军的狙击步枪，1067年开始装备部队。除前苏／俄外，埃及、南斯拉夫、罗马尼亚等国家的军队也采用和生产SVD。中国仿制的SVD为1979年定型的79式狙击步枪改进型85式。

SVD 狙击步枪

前苏联军队在1963年选中了由德拉贡诺夫设计的狙击步枪代替莫辛－纳甘狙击步枪，称为CBД狙击步枪，英文为SVD。

☆ 机 枪

机枪旧称机关枪，是以枪架(座)或两脚架为主要依托、连发射击为主的枪械，主要用于较远距离上歼灭或压制有生目标、火力点以及毁伤地面或低空薄壁装甲目标，为步兵提供火力支援，在装甲车、飞机、舰艇上也有使用。

机枪一词首先出现在1829年。18到19世纪依靠人力工作的连发多膛枪可视为现代机枪的先河，如加特林机枪。1884年，马克沁发明的马克沁机枪开创了枪炮史上自动武器的新纪元。加特林、马克沁、勃朗宁、路易斯等都是机枪的主要发明人。

机枪真正开始显出威力是在第一次世界大战。1916年在法国索姆河畔，英、法联军正与德军对峙。一天，当英、法联军向德军阵地发起攻击时，德军阵地的马克沁重机枪口吐火舌，使英军一天内死亡6

1902年丹麦人斯考博发明了能伴随步兵作战的轻机枪。由于这种机枪以丹麦国防部长麦德森命名，至今人们还以为是麦德森发明了轻机枪。

万人，以致后人称重机枪为"步兵火力的支柱"，甚至称重机枪是"步兵的绝对武器"。从索姆河战役开始，重机枪的威风持续了40年。

"自动武器之父"——马克沁

1884年英籍美国人马克沁发明了世界上第一种利用火药燃烧气体为能量的重机枪，从此射击的各个动作，如后座、抛壳、复进、推弹入膛等均可以自动完成。马克沁被英、美国家称为"自动武器之父"。

☆火力凶猛的重机枪

重机枪被美、英等国称为"中型机枪"，是装配有固定枪架，能长时间连续射击的机枪。与轻机枪相比，重量重，枪架稳定，有比较好的远距离射击精度和火力持续性。

重机枪发射的子弹像流水一样，1秒钟可连续发射10发，能形成一张强大的火力网。它既可以用来压倒敌人的火力点，封锁敌人的行动路线，还能大批杀伤集团目标，支援步兵冲锋陷阵。

重机枪的射程比步枪、冲锋枪都远。使用普通枪弹时，在3千米以内仍有一定的杀伤力；用特种弹，射程可达到5千米。

马克沁08式7.92 mm重机枪

马克沁在1883年首先成功地研制出世界上第一支自动步枪。1884年制造出世界上第一支能够自动连续射击的机枪，射速达每分钟600发以上。

射击时，机枪需要不断冷却。早期的重机枪采用水冷式，很笨重。现代的重机枪由于改为气冷式，机件减少了2/3，大大提高了机动性。

重机枪在发展过程中产生了三个小兄弟：一个是轻机枪，一个是通用机枪，一个是高射机枪。

米尼岗M134式7.62 mm机枪

世界上射速最快的机枪是米尼岗(minigun)M134式7.62 mm机枪。它是20世纪60年代初原通用电气公司（现为洛克希德·马丁军械系统公司）在机载M61A1"火神"6管速射机炮基础上发展而成的。美国陆军M134型"速射机枪"系列的M21、M27、XM50和EmersonMINI—TAT被用于UH—1、OH—6A和OH—58A型直升飞机上使用。M134还在美国空军的多种轻型固定翼飞机和一定数目的美国陆军特种部队飞机上使用。系列口径从5.56 mm一直到25.4 mm。

☆快捷便当的轻机枪

轻机枪是重机枪的弟弟。它比重机枪轻，可以随步兵冲锋陷阵。轻机枪的枪管较厚，并配有快速更换枪管的冷却措施，能够进行长时间的连续射击，因此有良好的射击密度。它靠弹链或弹匣供弹，通常每分钟可发射150发，连续射击可连射300发。这相当于许多步枪的集中火力，能有效地杀伤800米以内敌人的集团目标和重要的单个目标。

轻机枪由两脚架代替了笨重的重机枪架，射击稳定性好。必要时，还可端起扫射，或者边行进边射击。

卡拉什尼科夫轻机枪

前苏联在AKM突击步枪的基础上发展出班用轻机枪，使用40发弹匣或75发弹鼓，空枪重5.6kg，瞄准基线长560 mm，这便是后来享誉世界的RPK轻机枪的雏形。1959年，苏联红军正式采用该枪，定名为RPK，即是俄语"卡拉什尼科夫轻机枪"（英文RuchnoiPulemetKalashnikova）的缩写。

M249轻机枪

M249衍生自比利时FabriqueNationale的FN米尼米机枪，是一种小口径、高射速、轻巧的轻机枪。美军在1980年举行的班用自动武器评选时，参选的FNMinimi命名为XM249，其后在1982年2月1日正式装备并成为M249班用自动武器（M249SquadAutomaticWeapon），但因当时曾经出现过可靠性问题，实际上美军在1980年代后期才作全面装备。M249及FNMinimi多达30多个国家采用。

米尼米5.56 mm轻机枪

米尼米5.56 mm轻机枪为一轻型直接支援武器，由比利时国营赫斯塔尔公司于20世纪70年代初研制成功，主要供步兵、伞兵和海军陆战队使用。该枪现已装备美国、比利时、加拿大、意大利和澳大利亚等国家。理论初速：用美国生产的M193枪弹965 m/s，用北约的SS109弹速度915 m/s。供弹方式为弹链供弹。

☆灵活机动的通用机枪

通用机枪,是介于重机枪和轻机枪之间的一种机枪,又称两用机枪。它以两脚架支撑可当轻机枪使用。装在稳固的枪架上又可当重机枪用。它的性能也介于轻、重两种机枪之间。如同轻机枪一样配有枪托,便于抵肩射击;又同重机枪一样使用重枪管,保证有较高的战斗射速和连续射速。

通用机枪一般装备到排或连,从这个意义上讲,人们又叫它连用机枪。

德国MG34式通用机枪

最早的通用机枪是1936年德国军队装备的MG34。MG34通用机枪于1934年研制定型,主设计师是施坦格。该枪口径7.92 mm,发射7.92×57 mm步枪弹,初速755 m/s,枪重12 kg,枪长1224 mm,理论射速800～900发/分,连发战斗射速200发/分,有效射程800 mm(轻机枪)和1000 mm(重机枪)。MG34通用机枪在第二次世界大战中发挥了非常好的效果,其优点很快为各国军方所认识,战后涌现了多种通用机枪。美国的M60、德国的MG3、比利时的FNMAC等都是世界著名的通用机枪。

M60式通用机枪

于1958年起装备美军,目前被世界上许多国家采用。其突出特点是结构紧凑、火力较强、用途广泛、射速低、易于控制。

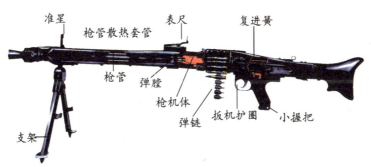

准星　枪管散热套管　表尺　复进簧　枪管　弹膛　枪机体　扳机护圈　小握把　弹链　支架

德国MG42式通用机枪

☆ M2式勃朗宁大口径重机枪

美国勃朗宁M2式12.7毫米大口径机枪的研制工作始于第一次世界大战末期，于1921年正式定型，当时称为M1921式12.7毫米机枪。M1921式机枪实际是在老的M1917式7.62毫米口径基础上放大设计的，由于保留了水冷式枪管结构，全枪非常笨重。后来美国对M1921式进行了改进设计，研制了质量小、带气冷枪管的M2式机枪。战场使用发现，M2式机枪枪管较

M2式勃朗宁大口径重机枪

美国军队除装备带三脚架的M2HB式机枪外，还将它配装在轻型吉普车和步兵战车上，做地面支援武器使用，也做坦克上的并列机枪使用。M2HB式大口径机枪威力大、精度好、动作可靠。缺点是质量大、射速低。

M2HB式机关枪

口径：12.7 mm
有效射程：1650 m
容弹量：110发
全枪长：1653 mm
全枪质量：38.2 kg

薄，难于适应持续射击，因此美国于1933年又研制出了带重枪管的M2式机枪，称为M2HB式。

美国M2勃朗宁重机枪又称50机枪，其使用12.7毫米×99毫米子弹。

M2HB式机枪是世界上最著名的大口径机枪之一，目前有50多个国家装备。

前捷克斯洛伐克Vz59式7.62 mm通用机枪

Vz59式7.62 mm机枪是沿袭Vz52式机枪的基本设计思想研制的，同Vz52式相比，简化了操作，工艺性也较好。

该枪为两用机枪，可配装轻型枪管和两脚架作班用轻机枪；也可配装重型枪管和两脚架作连用机枪，型号定为Vz59L式；还可配装重型枪管和轻型三脚架，三脚架还可改装为高射枪架，型号定为Vz59式。

☆ M240B 和 M240G 机枪

M240B 和 M240G 机枪，这两种型号同样也都是比利时 FN 公司的产品，也是美军为了替换 M60 机枪的替代产品，两者外观基本一致，M240B 是陆军的命名，而海军陆战队命名为 M240G，它们的区别就是陆军的护木上加有散热护罩，而海军陆战队则没有。M240 口径为 7.62 毫米 × 51 毫米，长度为 1260 毫米，有效射程为 1800 米，最大射程为 3725 米。对于 M240，美陆军和海军陆战队都极为满意。在战场上这

M240 车载机枪

美国著名枪械制造商——FN 公司位于美国南卡拉罗纳州哥伦比亚地区。他们生产的 M240 变型枪包括：基本型 M240 型车载机枪；M240B 型步兵用机枪（带有三脚架）；M240H 型直升机载机枪（供 UH-60 型"黑鹰"直升机使用）；M240E6 型轻机枪（供特种部队、骑兵部队、空降部队和其他轻型步兵部队使用）。

种武器能够快速有效地压制地方火力。在互联网上有很多在伊拉克被 M240 击中的反美武装分子的照片，情景惨不忍睹，令人毛骨悚然。

☆对空射击的高射机枪

高射机枪主要用来对空射击，特别对低空飞机和空降兵等射击效果明显。

高射机枪多为大口径枪。枪身有单枪与多枪联装之分，装有简单机械瞄准装置或自动向量瞄准具。枪架有三脚架式和轮式，上有高低机和方向机，有的还装有精

中国 QJZ12.7 mm 机枪

该枪大幅度减小了重量，并且首次在大口径枪上采用"枪管短后坐式-导气式"混合自动原理，使该枪步入世界先进行列。

瞄机,并有高低、方向射角限制器,用于支持枪身和赋予枪身一定的射角和射向。枪身可在枪架上水平回转360°,射角可达90°。高射机枪战斗射速为70～150发/分,射程可达2500～3000米,有效射高约2000米。

高射机枪既可以对空射击,也可以对地面、水面目标射击。对1000米以内的地面、水面装甲目标、火力点、船舶以及骑兵都有相当大的杀伤力。

M2 高射机枪

"二战"中,美国人勃朗宁开发使用12.7 mm×99 mm大口径机枪弹的M2重机枪,因结构简单,受到高度评价,被美军及西方各国军队广泛采用,作为车载机枪、重机枪或高射机枪使用。"二战"后,M2被西方许多国家用作制式武器。

☆ 榴 弹 枪

与单兵火箭配合使用的还有发射"枪林弹雨"的榴弹发射器,也有人称其为"榴弹枪"或"榴弹机枪"。目前,美军装备的是M203型和MK19型两种。其中,MK19型是一种在当年海湾战争中受到盟军极高评价的武器,其40毫米口径的子弹重340克,有效杀伤半径大于7米,破甲厚度51毫米,有效射程为1600米。这次战争中,在伊拉克南部的战斗中,美军曾用其有效地压制、摧毁了伊军的火力。在未来巷战的近距离交火中,它可以压制对方的火力,掩护己方士兵进攻。

M203榴弹发射器是美国柯尔特轻武器公司专门为M16步枪设计的。1969年定型生产,1970年装备美军步兵班。它由弹膛、发射管、击发机、护木组成,是一个独立的武器系统,通常安装在M16步枪上使用。配用反步兵、多用途、大号铅弹和教练弹。

☆ GP-25榴弹发射器

在1960年代中后期,美国的M203枪挂式榴弹发射器成功研制并装备部队,枪挂式榴弹发射器既可以为步兵提供近距离火力支援,杀伤点面有生目标,又不影响枪械的正常射击。前苏军对这种新式武器的战术性能很受刺激,于是前苏联的工程师也于1970年代中期开始研制枪挂式榴弹发射器,第一个定型的产品为GP-15,随后在GP-15基础上进行改进,在1970年代末定型出GP-25。GP-25既可平射也可以曲射,用于摧毁50~400米射程内暴露的单个或群体目标,或隐藏在障碍物后、

GP-25榴弹发射器

掩体后、散兵坑内或小山丘背面的目标。1981年开始装备部队,并在1984年首次在阿富汗战场露面。目前仍然是俄军的步兵班配备的武器,并在车臣大量使用。在俄军的俚语中,GP-25被称为"小型火炮"。

☆德国AG36 40毫米榴弹枪

HK公司研制的AG36榴弹枪是配用于HKG36突击步枪的枪挂式榴弹发射器的改进与发展型,可以各种射角单发发射40毫米榴弹,轻便且容易操作。由带膛线的发射筒、机匣、握把和伸缩枪托组成,外形像冲锋枪。其发射筒比枪挂式榴弹发射器的发射筒短。发射筒向左侧摆出,从发射筒后端装填榴弹。

德国AG36 40mm榴弹枪

☆ 霰弹枪

军用霰弹枪又称战斗霰弹枪,是一种在近距离上以发射霰弹为主杀伤有生目标的单人滑膛武器。

霰弹枪作为军用武器已经有相当长的历史,自该兵器问世,它就开始装备军队。在两次世界大战中,霰弹枪都曾发挥过较好的作用。在越南战争中,美军和南越部队使用了约10万支"雷明顿870"泵动霰弹枪。实战表明,霰弹枪在特种战斗中是其他武器不能完全代替的。

霰弹枪按发射方式,可分为非自动型和自动型两种;按用途又可分为军用型、警用型、狩猎型和运动比赛型四类。

USAS 霰弹枪

韩国大宇精密工业公司生产的USAS12号自动霰弹枪,可用来威慑、击伤暴徒,已装备韩国警察部队使用。

M870 霰弹

左轮霰弹枪

雷明顿 M870 式霰弹枪

雷明顿M870式霰弹枪是雷明顿兵工厂于20世纪50年代初研制成功的,因其结构紧凑、性能可靠、价格合理,很快成为美国人喜爱的流行武器,被美国军、警采用,雷明顿兵工厂也因此而成为美国执法机构和军队最喜爱的兵工厂之一。从20世纪50年代初至今,它一直是美国军、警界的专用装备,美国边防警卫队尤其钟爱此枪。M870式霰弹枪最初有基本型(军用型)和警用型(M870P)两种型号,后来出现了民用型和改进型等10余种型号。各种型号枪的枪管长度各不相同,从356～508 mm不等,弹匣容弹量为3～7发不等,但都是下方供弹,侧向抛壳。枪托既有固定式硬木枪托,也有折叠式尼龙枪托和金属枪托,一般采用机械瞄具,后期产品有的配用了光学瞄具。

☆贝内里M1/M3式霰弹枪系列

贝内里M1/M3式霰弹枪系列是美国军用霰弹枪中技术含量最高、性能最好的,它是10多年前由贝内里公司研制的。M1/M3式霰弹枪有多种不同长度的枪管,其基本枪管长355.6毫米,所有枪管的弹膛长均为76.2毫米。瞄具有圆柱形准星、缺口照门机械瞄具、激光瞄具和微光瞄具。弹匣容弹量为5发。该霰弹枪系列除有不同长度的枪管外,还有一种装有手枪把和折叠枪托的型号。

霰弹枪是一种特殊的单人用武器,主要用来杀伤近距离目标,制服暴徒或驱散骚乱人群。警用霰弹枪和防暴枪由于能发射霰弹、催泪弹、致昏弹等低杀伤性弹药,一直是世界各国警察、治安和执法部门使用的主要防暴武器。军用霰弹枪即战斗霰弹枪由于近距离火力猛、命中率高、杀伤力强、使用方便,既可用于近战,尤其是城市巷战和建筑物内的战斗,又可用于要求密集、饱和射击的伏击战和反伏击战,其战术使用价值日趋增强。随着技术的进步,霰弹枪和防暴枪的地位与作用将不断加强和发展。

美国M3霰弹枪

☆ M3超级90霰弹枪

M3超级90式12号可变霰弹枪是意大利贝内利军械公司为满足执法人员和反恐怖活动分队的需要而设计的,有普通型和专用型两种型号,专用型仅供执法人员和政府机构使用。

该枪配有可调风偏的表尺和固定式准星,全枪长1040毫米,全枪质量(不含枪弹)3.40千克,配用弹种12毫米×76毫米霰弹。同手枪或步枪比,在近距离内使用时精度更好,且能更迅速地停止射击。

M3超级90霰弹枪

☆铁暴武器

铁暴武器是澳大利亚铁暴技术公司最新研制的一种武器。"铁暴"的精妙之处是将枪管和弹夹融为一体。没有传统的开火机构，只要在对扳机施压的情况下，电子脉冲会发送到子弹，激活它们，令其以每秒1.6万发子弹的速度，从多个枪管中不间断、快速发射。经过改装，"铁暴"还能以每分钟50万枚的速度发射手榴弹。它是世界上最快的自动武器。

铁暴武器

☆拐角枪

拐角枪是以色列拐角射手控股公司的一种新式枪械。拐角枪的最初原型是一种半自动手枪，中间有铰链装置，以便使枪管从左侧转到右侧，而手枪的手柄和扳机都保持不动，使士兵能向两边拐角射击。

拐角枪能水平向任意一侧旋转60度，或能固定在适当位置。一台闪光灯和一台数码摄像机安装在通常被认为是安刺刀的地方。士兵可以使用拐角枪扳机左侧的移动屏幕去观测目标情况，此时，枪管也会像蛇一样转向拐角处。使士兵们能够从各个有利位置观察目标。

拐角枪的优点是非常适于在恐怖活动或解救人质等不利条件下作战。该枪可使士兵躲在墙后，不用暴露在敌方火力之下，并显著增强其收集信息和传送作战信息的能力，在敌人的瞄准线外定位并攻击目标。而且，拐角枪可向四周转动枪头射击，敌人不知道谁向他们开枪。

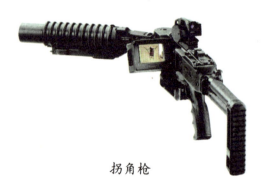

拐角枪

弹 与 雷

DAN YU LEI

☆子　弹

子弹是枪弹的通称,指用枪发射的弹药。无论是什么样式的子弹,它都是由弹丸、药筒(弹壳)、发射药和火帽(底火)4部分构成的。对于子弹来说,无论什么用途,国际上通用的发射药大多为无烟火药。无烟火药可分为:单基、双基、三基。其主要成分为硝化棉。枪械多用单基药。对于不同的枪械用弹有不同的要求。如手枪多采用多孔速燃单基药。步枪为表面采用加光并钝化的单孔颗粒单基药。

底火是由传火孔、发火砧及击发剂组成。其作用是击发使产生火焰,迅速而准确地点燃发射药。击发时,击发剂受击针与发火砧的冲击而发火,火焰通过传火孔点燃发射药。

当发射时,击针激发火帽(底火),底火迅速燃烧引燃药筒(弹壳)内的发射药,发射药产生瞬燃,同时产生高温和高压,将弹丸(弹头)从药筒内挤出,这时的弹丸在发射药产生的高压的推动下,向前移动,受到膛线的挤压,产生旋转,最终被推出弹膛。

大威力狙击步枪弹

从左至右依次为:12.7 mm勃朗宁枪弹(装有常规的穿甲燃烧曳光弹头)、12.7 mm勃朗宁枪弹(装有霍纳蒂A-Max弹头)、11.68 mm斯太尔(Steyr)枪弹、10.36 mmChey-Tac枪弹、8.59 mm拉普阿-马格努姆枪弹、7.62 mm温彻斯特-马格努姆枪弹、7.62 mm×51 mm枪弹。

从左至右依次为俄罗斯5.45 mm×39 mm枪弹、北约5.56 mm×45 mm枪弹、中国5.8mm×42 mm枪弹、俄罗斯7.62 mm×39 mm枪弹、北约7.62 mm×51 mm枪弹。

☆手榴弹

手榴弹是一种传统的陆战兵器,具有体积小、重量轻、威力大、使用方便的特点,常用于杀伤三四十米内的小群有生目标。手榴弹按引信发火方式可分为:拉发式、击发式、瞬发式、碰炸式和碰炸延期式,按照用途可分为:杀伤手榴弹、反坦克手榴弹和特种手榴弹三类。

杀伤手榴弹主要用于杀伤有生目标,通常可分为两种:一种是破片型手榴弹,主要用破片杀伤有生目标,具有震慑破坏作用。一般全弹重300～600 g,有的则重达1000 g左右,破片数量为300～1000片,最多可达5000片以上,引信延时3～5秒,杀伤半径5～15 m。另一种是爆破型手榴弹,主要靠爆轰作用杀伤敌人。一般全弹重100～400 g,引信延时4秒左右。

☆ 反坦克手榴弹

反坦克手榴弹又称为反坦克手雷,是一种轻型反坦克武器,它分两种类型:一类是磁性手雷,使用时将延期点火药引燃,扔向来袭坦克的前甲、侧甲或任何装甲薄弱部位,手雷通过磁铁紧紧地吸在坦克上,爆炸后通过破甲射流击穿甲板,杀伤坦克内的乘员。也可在坦克开过来时,扔在其前方或埋于地下,待其开至手雷上方时将磁铁吸起,炸毁其底装甲。

除磁性手雷外,还有一种黏性手雷,它是通过内装的铝热剂燃烧后所释放的热能,将黏性树脂熔化,从而将手雷牢牢地黏于坦克甲板上。这种手雷可穿透100多毫米的装甲,通常坦克顶部、腹部装甲

都在50毫米以下,所以这种小玩意儿只要运用得当,其作战效能还是不可低估的。

反坦克手榴弹

☆ 榴 弹

榴弹,也叫开花弹,它在炮弹家族里是出现最早、使用最久的弹种。

根据榴弹的结构和作用,人们把它分为杀伤弹、爆破弹和杀伤爆破弹三种类型。

杀伤弹主要是通过炸药爆炸而形成的碎片来杀伤敌人的。它的结构特点是弹体较厚,多是用高碳钢或强度较高的钢制成,再给炸药配上瞬发引信,可保证榴弹在着地瞬间爆炸,以形成大量的碎片来实现杀伤力。杀伤弹还常采用跳弹射击办法,

美国通用动力公司的25 mm 先进班组支援武器配用的榴弹,型号XM1051TP-S,"TP-S"意为"目标训练指示弹"。

配上延期引信,让弹丸着地后再跳到空中爆炸,使躲藏在堑壕里的敌人难以防备。

爆破弹是利用弹丸爆炸后产生的巨大冲击波来毁坏目标的。这种弹的特点是炸药比较多,弹体圆柱部较长,弹壳较薄,并多用好钢制成。为了有效地摧毁敌人的土木工事,通常给它配上"短延期"引信,使其撞击工事后不致立即爆炸,而是钻入工事一定深度再爆炸。这样,炸药的能量就能得到充分的利用,破坏效果就大得多。

杀伤爆破弹既有杀伤作用,又有爆破作用,可以一弹两用。为了增大杀伤效果,现代某些杀伤榴弹的弹内装有数千颗小钢珠、小钢箭和小钢柱,这些榴弹的杀伤碎片多,杀伤面积大。现代榴弹不仅威力大,而且射程也远,有的甚至达到四五十千米。

☆ 达 姆 弹

达姆弹原来是指印度一个叫达姆的兵工厂生产的一种特殊子弹,其特点是弹头的铜皮并没有完全包覆弹头尖,让铅芯外露,使其在击中人体后会膨胀翻滚,增加

以色列军侦察枪榴弹

杀伤力。后来"达姆弹"被引申为所有入身变形子弹的总称,它包括:1.软弹头,如白银弹和裸铅弹,这类弹头击入目标体内后更容易变形翻搅;2.中空弹头,就是在弹头前端加开十字沟槽,成为开花弹,使弹头击入目标体内后除翻搅外,还造成更严重的割裂伤,如铜皮铅芯空头弹会炸裂成蘑菇状,而裸铅空头弹更是会完全炸裂开来,

枪挂式榴弹发射器

达姆弹

化成碎片镶嵌在人体组织中；3.爆炸弹头，中空弹头内藏引信和火药，击入目标体内后会爆炸。1899年，海牙公约明文禁止在战争中使用这类弹头，只允许其用于狩猎，可屡禁不止。

美国通用动力公司的25 mm先进班组支援武器配用的榴弹，型号为XM1049－AP，"AP"意为"穿甲弹"。

美国通用动力公司的25 mm先进班组支援武器配用的榴弹，型号为XM1019－HEAB，"HEAB"意为"空爆弹药"。

☆破甲弹和碎甲弹

"破"与"碎"是近义词，但是破甲弹和碎甲弹却不是一对孪生兄弟。

破甲弹依靠强大的金属射流，像高压水龙喷射土墙一样，将厚厚的装甲熔化，破孔而入，直捣坦克的"心脏"。因此，它不在乎弹丸的飞行速度和飞行距离，只要命中装甲，便可充分显示它的穿透威力。

碎甲弹却不同，它里面装的是塑性炸药，只要弹丸命中坦克，薄薄的弹壳在巨大的冲击力作用下变形或破碎，里面的塑性炸药像膏药一样紧紧粘贴在装甲表面，既不破碎，也不飞散。在延时引信的作用下，粘贴在装甲外面的炸药爆炸，产生的冲击波以几百亿帕压力作用在装甲上，巨大的力传递到装甲内层，犹如用锤子敲打墙壁，墙壁未穿透，背面的墙皮却一块块剥落一样，致使内壁崩落一块几千克重的蝶形碎

碎甲弹

破甲弹

片和数十块小碎片。这些碎片在坦克里四处飞溅，将乘员杀伤，设备击坏，外形完好的"乌龟壳"再也无法动弹。

破甲弹

☆ 子母型炮弹

随着火炮射程的增加，靠单发弹丸命中目标的可能性越来越小，为此美国研制了可携带多个子弹丸的子母型炮弹。如美国的1发155毫米炮弹内就可装88个子弹丸，1发203毫米的炮弹内可装110个子弹丸。如果子弹丸是杀伤有生力量的，称为杀伤子母弹；如果子弹丸是反装甲目标的，称为反装甲子母弹；如果装的是反车底小地雷的，就称为反装甲布雷子母弹。

子母型炮弹是20世纪70年代后出现的，这种子母弹型的炮弹，外形和普通炮弹一样，火炮不需做任何改变。和发射普通炮弹时一样，先将其发射到预定攻击目标的上方，母弹上的时间引信使母弹开舱，并将子弹由母弹底部推出，每个小子弹丸按自由落体方式下落，每个小子弹丸上各带有一个能引爆的引信，子弹落在目标上（坦克顶装甲或地面）起爆，对目标进行毁伤。如果是小雷，则落于地面等待目标到达进行毁伤。

这种子母型弹丸的出现大大提高了弹丸的毁伤覆盖面积，特别是反装甲子母弹使地面火炮也具备了间接瞄准远距离对付集群装甲目标的能力。现在已广泛配用于火箭弹、导弹、航空炸弹等兵器上，形成了当前各种弹药发展的一个新趋势。

欧洲直升机公司的虎式武装
直升机撒播子母弹

中国"飞豹"战斗机抛撒子母弹

☆火箭弹

一枚小小的火箭弹直径不过几十毫米，然而它却能神奇般地穿过厚厚的装甲，成为坦克和装甲战斗车的"克星"。

火箭弹之所以能够穿甲如穿纸，主要是它的特殊装药决定的。火箭弹体内装的是黑索金炸药，爆炸速度极高，竟能超过第一宇宙速度，达到8471米／秒左右。炸药表面有一层金属罩，罩内药芯呈锥孔形状。当火箭弹命中装甲目标之后，给装甲留下的痕迹只不过是一个极常见的小弹窝。然而这并不算完，绝招还在后面。当弹头引信靠惯性引爆炸药后，瞬时便在小弹窝周

RPG-29 反坦克火箭筒

RPG-26 火箭筒

RPG-26式72.5 mm火箭筒是一种典型的单兵便携式反装甲武器，1986年装备部队。RPG-26式所使用的破甲火箭弹弹长640 mm、弹径72.5 mm、弹重1.8 kg。整个火箭筒长770 mm，重2.9 kg。它有效射程250 m，垂直破甲厚500 mm。它携带方便，操作简单，杀伤力强，很受欢迎。

围形成十几万个大气压的力量，并迅速形成几千摄氏度的高压定向集束气流。别小看这股气流，其速度每秒可达几千米。厚厚的装甲在这股集束流的冲击下，就像土堤坝遇上了高压水龙头的冲击一样无奈，顷刻之间就熔化，随之形成一个比火箭弹直径大好几倍的窟窿。火箭弹穿透装甲后，在集束气流的继续作用下，带动金属液体向前喷射。此时，坦克或装甲战斗车内的人员已束手无策，被冲进来的高压高温气流和金属液体杀伤，从而丧失了战斗能力。

☆ 末制导炮弹

火炮要想摧毁敌方的目标靠的是发射出去的炮弹，火炮要对付各种各样的目标，完成各种不同的作战任务就要发射各种不同作用的炮弹。

火炮要完成压制敌人火力、消灭敌有生力量及破坏防御工事等任务大多配用起杀伤爆破作用的榴弹。火炮对付的大多是固定的点目标，如果要对付远距离的活动点目标，再靠普通炮弹就束手无策了，于是美国首先为其155毫米火炮研制成功了激光半主动末制导炮弹——"铜斑蛇"。

火炮就像发射普通炮弹时一样，把此末制导炮弹送到目标附近的上空，此时飞行的炮弹就和普通炮弹一样按火炮赋予的弹道自由飞行没有任何制导，只是在靠近目标一定范围内，接收到来自目标反射的激光信号时才开始制导飞行直至命中目标。因为此炮弹是在弹道飞行的末段开始制导的，故简称末制导炮弹。目标反射的激光信号并不是炮弹上主动发射的，而是靠另外一个激光目标指示器照射到目标上的，所以称为半主动。

此种末制导炮弹集中了火炮初速高、飞行时间短、弹丸飞行的大部分时间无制导，靠自然弹道飞行、不会受到外来干扰、导弹能改变飞行弹道追踪目标以及命中精度高等优点。

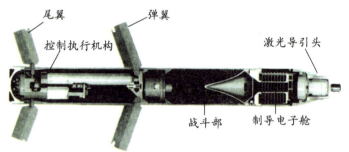

尾翼　弹翼　控制执行机构　激光导引头　战斗部　制导电子舱

美国155毫米"铜斑蛇"末制导炮弹

"铜斑蛇"炮弹由155 mm榴弹炮发射，采用激光半主动寻的制导方式，是世界上最早的末制导炮弹，主要用于攻击集群坦克或装甲目标。全套武器系统由火炮、制导炮弹和激光指示器等组成。炮弹全长1.372 m，弹径155 mm，弹重62 kg，战斗部为6.4 kg。最大射程20 km，最小射程4 km，最大飞行速度每秒600 m。改进后的"铜斑蛇"155 mm末制导炮弹射程已由16 km提高到25 km，制导方式由激光制导改为红外成像／激光半主动复合制导。

☆ "神剑"制导炮弹

2006年9月,雷声导弹系统公司和BAE系统博福斯公司"神剑"制导炮弹项目团队,向美国陆军交付首批生产型155毫米GPS制导"神剑"炮弹。

"神剑"是世界上第一个自主的精确

"神剑"制导炮弹

制导炮弹,为陆军及海军士兵提供精确的火力支持。由于精确度和效能的提高,"神剑"炮弹具有灵活的操作性并降低了后勤负担。此外,凭借其提高的精度、近乎垂直的打击及优化的破片杀伤模式同时降低了附带损伤。

俄罗斯"红土地"152 mm激光半主动制导炮弹

发射时先由前沿观察员在距目标约5 km处搜索发现目标,用无线电通信通知射击阵地。炮手向目标作间接瞄准,在炮弹距目标约3 km处(距目标10秒左右),由同步器启动激光目标指示器照射目标,不断跟踪从目标反射的激光编码信号,自动导向目标。该炮弹射程3~20 km,命中概率90%,对坦克目标的照射距离5 km以内,照射持续时间6~15秒。炮弹采用火箭增程。

"神剑"制导炮弹

中国"雷石-6"制导滑翔炸弹

中国自行研发的"雷石-6"制导滑翔炸弹,从2003年开始研发,可同美国的JDAM媲美。"雷石-6"主要用于防空区外,打击防空阵地、机场、码头、桥梁、车站、物资集散地和指挥中心等固定目标。其采用模块化设计的组件,可以迅速与普通航弹结合。"雷石-6"制导滑翔炸弹在弹体上部安装了一对可向后折叠的弹翼,弹翼全部展开约宽2.5 m。在弹体尾部,加装了X型配置的控制舵面,通过接收卫星导航信号来操纵炸弹向目标准确地滑翔。该型炸弹是一种典型的"防区外发射"武器,根据投射高度的不同,其作战距离可达到40~60 km。

由于"雷石-6"制导滑翔炸弹具有"物美价廉"的特点,它可能只是美国JDAM价格的一半。作为一种廉价的"发射后不管"远程精确攻击弹药,"雷石-6"不仅可以由战斗机和战斗轰炸机携带,还可以在传统的中型轰炸机上使用。

☆ 温压炸弹

温压炸弹是根据油气炸药原理制造而成。该炸弹内装满极易燃烧的乙烯氧化气,在爆炸后,在空气中形成直径约18米、厚度仅3厘米的蘑菇云。在此之后,蘑菇云使乙烯氧化气与空气中的氧气发生剧烈化学反应,导致周围的生物因缺氧而窒息死亡。此外,爆炸还形成巨大的冲击波,足以摧毁建筑物、掩体、人员,如飞机、坦克、火炮和导弹发射装置等武器装备,还可引爆地雷,为陆军的进攻开辟安全通道。同时,爆炸点高度的不同,其作用范围和杀伤力也不尽相同。一般来讲,炸弹在500米高度爆炸,其有效范围可达1~3平方千米。有报道称,美军曾于2002年3月在阿富汗战场上使用过一次,用于打击加德兹地区藏在山洞中的塔利班和"基地"组织成员。

俄 KAB-500Kr 温压制导炸弹

☆无壳弹

人们如有机会参观新型武器展览时，定会在琳琅满目的枪支弹药中发现，有一种子弹赤身裸体没有弹壳，这就是新制造出的无壳弹。

无壳弹是把能够燃烧的一种粘合剂和发射药粘合在一起，按照专用发射的口径压成一个牢固的圆柱体。前端嵌有子弹头，后端装上底火，便制成了不用弹壳的子弹。由于这种特殊子弹没有弹壳，所以底火的工作形式也有所不同。除了用传统的击针发火针，还可以采用电引燃型底火、气引燃型底火，利用击发时产生的电弧和高温引燃药柱，迅速膨胀的高压气体将子弹头推出枪膛。

人们之所以如此重视无壳弹的研究，

德国 G11 无壳弹步枪

G11无壳弹步枪

口径：4.7 mm
全长：750 mm
弹容：50发
射程：300～500 m

是因为这种子弹最大优点是重量轻，单兵携带量可大幅度增加。100发无壳弹，大约只相当于20发常规子弹的重量。这无形中提高了单兵的持续作战能力。同时，由于无壳弹射击时省掉了抽壳的过程，枪支的结构也可以作相应的简化，一次装弹完毕，完全封闭机匣，防止沙尘微粒进入弹膛，有利于延长枪支的使用寿命。此外，无壳弹的生产还可以节省大量的金属，简化一些生产程序，可称得上使用和制造两方便。一些专家认为，如果无壳弹能在现有基础上，对燃烧、防水、抗高温等性能方面作进一步提高，有朝一日会完全取代有壳弹。

德国 G11 无壳弹步枪

☆ 集束炸弹

集束炸弹出现于第二次世界大战,但从20世纪60年代才得到真正发展。集束炸弹可将自身携载的数十枚或数百枚子炸弹,撒布成均匀分布的椭圆形来覆盖目标

英国空军的BL755空射集束武器

CBU-97传感器引爆武器(SFW)集束炸弹

CBU-97集束炸弹是美国空军智能化最高的453.6 kg级空中撒布型集束炸弹,它可以对方圆457.2 m的范围展开搜寻,彻底清除目标范围内的坦克、军车和碉堡。

CBU-97就像航天飞机的反向发射一样,有具备锁定敌人目标位置并跟踪功能的智能双向飞碟,能大大降低平民伤亡。

美军在2003年3月入侵伊拉克的行动中第一次使用了CBU-97传感器引爆武器(SFW)集束炸弹。

区从而补偿瞄准误差,因而特别适用于攻击集群目标。在攻击坦克、车辆、机场、交通枢纽以及大面积的目标时具有良好的效果。

1982年,以色列空军在黎巴嫩境内使用这种反装甲子母弹,使叙军200多辆坦克丧失作战能力,震惊了当时世界。

集束炸弹大致可分为捆扎式和弹箱式两大类。捆扎式集束炸弹是用金属带将若干子炸弹捆扎在弹架上,投弹后,弹捆打开,子炸弹散向目标;弹箱式集束炸弹是将子炸弹装在弹箱内投放,到目标上空时,子炸弹分散落下,这种弹箱又称子母弹箱。弹箱又有一次使用和多次使用两种类型。

☆美国GBU-28"宝石路"激光制导炸弹

美军飞机投掷"宝石路Ⅲ"激光制导炸弹

GBU-28属于美国"宝石路Ⅲ"激光制导炸弹系列。弹体分为三大部分——制导舱、战斗部舱、尾舱。其中,制导舱主要由激光导引头、探测器、计算机等组成。它和尾舱中的控制尾翼一起,共同控制炸弹命中目标。

GBU-28激光制导炸弹是由"宝石路"GBU-24激光制导炸弹改进研制的,采用B、C两种热寻的延迟引信,炸弹头接触地面后引信不爆炸而是钻地。当弹头遇到混凝土时,B引信引爆,炸开一个大洞

继续往下钻;遇到钢板加固物质时,受地下掩体的热辐射,C引信爆炸,在钻透钢板后,钻入地下掩体爆炸。这种钻地炸弹主要分907.2千克和2268千克两种,可由F-15E、F-111等飞机投掷。2268千克的GBU-28炸弹长5.85米,带弹翼直径4.47米,投掷距离5千米。作战使用时,攻击飞机必须

"宝石路Ⅲ"激光制导炸弹

与本机／他机／地面的激光照射器配合工作,命中并钻入目标的深度视弹着角的不同而异,ＧＢＵ-28／Ｂ可穿透30米厚的土地、6米厚的加固混凝土。

☆末 敏 弹

末敏弹是一种新型的遥感反装甲子母弹。由于一枚末敏弹可携带数枚子弹,所以它可以同时命中几辆坦克。如果是连续发射数枚,则可有效地摧毁一个坦克群,其反坦克能力比其他子母弹约高20倍。

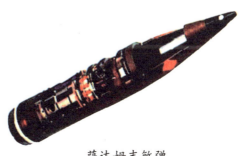

萨达姆末敏弹

萨达姆末敏弹是美陆军炮兵部队第一种"发射后不用管"的多探测头子母炮弹，它通过飞机、导弹、火炮和弹药撒布器等投射工具投送到目标区上空，再使用自身的探测装置搜索、攻击目标。伊拉克战争中，萨达姆弹第一次投入使用，该弹可由任一型号的155 mm榴弹炮发射，每枚母弹中有两枚子弹，主要用于压制敌炮兵火力、打击敌装甲和防空等目标，准确性极高。在1994年4月的一次测试中，所发射的13发萨达姆末敏弹，竟有11发准确地击中了15 km外的目标。

☆ "炸弹之王" BLU-82型炸弹

BLU-82为超大型炸弹，在普通炸弹中当量最高，美军内部称"突击天穹"，也被称为"炸弹之王"，是除核武器以外破坏力最强大的常规兵器。BLU-82重量为6800千克，弹头当量57153.6千克，其重量是轰炸机所能携带最大炸弹GBU-28(掩体巨弹、重2268千克)的3倍多。由于重量太大，外形又不规范，因此，B-1、B-52等战略轰炸机均无法携带投放，只能用MC-130运输机空投。BLU-82在越南战场上首次使用，在"沙漠风暴"行动期间，美军也投下了11枚"炸弹之王"，

BLU-82型燃料空气炸弹

旨在清除伊军设置的雷场，同时也产生巨大的威慑作用。2001年11月4日，美国空军在阿富汗也投下了"炸弹之王"。

☆ 能造成放射性杀伤的贫铀弹

铀235和铀238是铀元素的两种主要的同位素。铀235是制造原子弹和核反应堆的主要原料，人们在生产铀235时，同时也产生了铀238。以前，人们觉得铀238没

美国研制的含铀238的小口径智能自导弹头

有什么用处,于是就把它叫做贫铀。为了防止它造成放射性污染,在相当长一段时间里,铀238被人们当做核废料处理。

后来,美国人利用铀238具有高密度、高强度、高韧性的特点,制造了贫铀穿甲弹,简称贫铀弹,具有很强的穿甲能力。

贫铀弹的威力很大,当它击中坦克等装甲车辆后,由于撞击能产生高温,因此可以引发铀燃烧,进而产生更高的温度,软化弹着点的装甲,降低装甲的强度,使穿甲弹破甲而入。同时,铀燃烧时产生的大量云雾状氧化铀尘埃还会沾染坦克等装甲车辆的表面,形成放射性污染源,对敌人造成放射性杀伤。

A10攻击机和贫铀穿甲弹

☆ 反步兵地雷

反步兵地雷又称杀伤地雷,是一种埋设于地下或布设于地面,通过目标作用或人为操纵起爆的一种对付软目标的爆炸性武器。反步兵地雷专门用来杀伤人员、马

中国反履带地雷

匹等有生力量,其杀伤作用主要是靠冲击波和破片来完成。按杀伤方式的不同,可分为爆破型和破片型两种。

爆破型是以其爆炸后的强大冲击波来杀伤人员等有生力量的,它一般采用压发引信,多埋设于地下。设置于地面的压发式爆破地雷多置于杂草或树叶丛中。

破片型地雷根据其爆炸形式可分三种类型:定向爆炸、地面爆炸和跳起爆炸。

除上述地雷外,能有效杀伤人员等有生力量的地雷还有一种诡雷。所谓诡雷,就是通过诱惑、欺骗、激怒等诡计多端的形式,设置各种地雷,以达到杀伤有生力量之目的。诡雷的诡计有的是将地雷做成多种不同形式,有的是巧妙地设置引信,引诱或激怒敌人，使之触而起爆。

此外，反步兵地雷还有空投碎片杀伤形地雷，如美军的M83型蝴蝶雷重约1.72千克，杀伤半径可达15～20米，破片的最远飞散距离可达150～200米，可采用机械、触发、空炸、定时等多种引信。

反步兵地雷

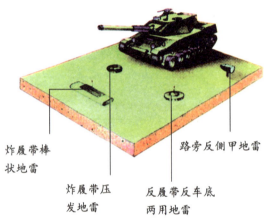

炸履带棒状地雷

炸履带压发地雷

路旁反侧甲地雷

反履带反车底两用地雷

反坦克地雷的各种类型

反坦克地雷

反坦克地雷是用来炸毁坦克、装甲车、步兵战车、装甲汽车，自行火炮等装甲目标的一种地雷。按用途不同，可分为反履带地雷、反车底地雷和反侧甲地雷等。

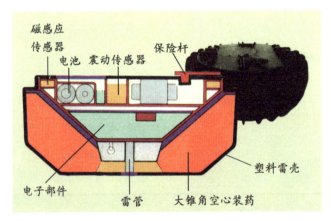

磁感应传感器

电池 震动传感器

保险杆

电子部件

雷管

大锥角空心装药

塑料雷壳

反坦克地雷结构示意图

☆ 水 雷

水雷是一种传统的水中兵器,其主要特点是:结构简单、使用方便、可用多种平台进行布放;隐蔽性好,易布难扫,可对敌形成长期威胁;破坏力大,费效比高,是一种理想的攻防型兵器。其主要缺点是:

水雷

"石鱼"沉底水雷

英国的"石鱼"沉底水雷,总重为990 kg,装药量分别为750 kg和600 kg,可以空投,亦可潜布和舰布。

除特种水雷外,一般漂雷、锚雷和沉底雷只能预先布设,待机歼敌,具有较大的被动性;除现代水雷外,绝大多数水雷无制导系统和信号分析及识别装置,因此无法识别敌我,有时在封锁和迟滞敌舰艇行动的同时也限制了己方海军兵力的机动;水雷布放和使用受水区自然条件的影响较大,有些水雷往往因水区环境不适而无法布设。

水雷的分类

水雷是布设在水中用来炸毁敌潜艇和水面舰艇,或用来阻止其航行的一种水中兵器。通常,水雷有三种分类方法:一是按布放方式分,可分为:舰布水雷(即由水面舰艇布放)、潜布水雷(即由潜艇布放)、空投水雷(即由飞机或直升机布放)和箭布水雷(即由火箭布放);二是按在水中的状态分,一般可分为:漂雷(在水面或水中一定深度呈漂浮状态的水雷)、沉底雷(布设于海底的水雷)、锚雷(用锚链或雷索将雷体系住、通过雷锚将其固定在水中一定深度的水雷)和特种水雷(如火箭上浮水雷、自航水雷、自导水雷、遥控水雷及核水雷等);三是按发火方式分,一般可分为:触发水雷(装有触角、触线等触发引信、依靠与目标撞击而爆炸的水雷)、非触发水雷(装有音响、水压或磁性等非触发引信的水雷)和遥控起爆水雷(用有线、无线或水声在岸上或舰艇上远距离遥控引爆的水雷)。

☆鱼 雷

鱼雷是一种由携带平台发射入水,能自动推进、导引,用以攻击水面或水下目标的水中武器。鱼雷由雷头、动力系统、

吊装鱼6线导鱼雷

深度控制系统、航向控制系统、自导装置和线导系统组成。

鱼雷的分类方法通常是:按攻击目标分反舰鱼雷和反潜鱼雷;按动力分热动力鱼雷、电动鱼雷和火箭助飞鱼雷;按制导方式分声自导鱼雷、线导鱼雷、尾流自导鱼雷和复合制导鱼雷;按发射平台分舰用鱼雷、潜用鱼雷和航空鱼雷;按直径大小分大型鱼雷、中型鱼雷和小型鱼雷;按装药分常规装药鱼雷和核装药鱼雷等。鱼雷破坏威力大,隐蔽性较好,抗干扰能力较强。

鱼雷的弱点是速度较低、射程较近。由于水中阻力比空气中阻力大得多,因此,鱼雷要克服水的阻力,这样速度比炮弹和导弹要小,而且航程也受到限制,发射距离较近。由于鱼雷速度低,目标较易规避。另外由于发射距离近,其运载平台受敌火力威胁较大。

日本91式空投鱼雷

线导鱼雷

中国鱼6线导鱼雷

线导鱼雷是在鱼雷和发射舰艇之间连一根导线,当线导鱼雷发射后,发射舰艇上的显示器利用声纳测得的目标方位、距离和鱼雷发回的信号,显示出目标、鱼雷和发射舰艇三者间的相对位置,操纵人员利用计算机进行计算,并通过导线把指令信号传给鱼雷而不断修正鱼雷的航向和深度,将其准确地导向目标。线导鱼雷同时装有自导装置,发射后先通过线导,将鱼雷引向目标。

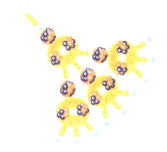

核裂变示意图

一个原子核可以裂变成无数个原子,同时释放出巨大能量。

☆威力巨大的原子弹

1945年8月6日,美国在日本广岛上空投下了一枚小小的原子弹,使这个20多万人的城市转眼之间变成了废墟。三天以后,日本长崎也被美国的原子弹摧毁。据有关资料记载,广岛24.5万人中死伤、失踪超过20万人,长崎23万人中死伤、失踪人数近15万

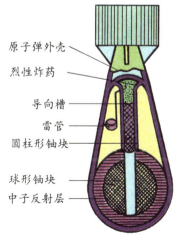

原子弹外壳
烈性炸药
导向槽
雷管
圆柱形铀块
球形铀块
中子反射层

原子弹结构原理图

人,两个城市毁坏的程度高达60%~80%。这说明,原子弹的杀伤力非常巨大。

原子弹主要由核装料、炸药、中子源和起爆装置点火,引起各炸药块同时爆炸,产生很大压力,并迅速向中心挤压,使核装料很快合拢到一起,在中子的作用下,引起链式反应,瞬间产生了几千万度的高温和几百万个大气压,从而引起猛烈的爆炸。原子弹的爆炸方式分为地面、水面、空中、地下、水下爆炸。地面爆炸适用于破坏坚

投到日本长崎的原子弹"胖子"

固的地下和地面目标。水面爆炸主要用于破坏水面舰艇、港口等目标。空中爆炸又分低空、中空、高空和超高空爆炸。低空爆炸适用于破坏较坚固的地面和浅地下目标;中空爆炸用于杀伤地面上的暴露人员和破坏不太坚固的地面目标;高空爆炸用于大面积杀伤地面上暴露人员和破坏脆弱目标。超高空爆炸用于拦截战略导弹和击毁机群。地下爆炸主要用于破坏地下重要的工程设施,或阻塞关卡、隘路。水下爆炸主要用于破坏水下、水面舰艇和水中设施。

原子弹的杀伤力之所以比普通炸弹威力大,是因为普通炸弹的威力主要是高

美国投到日本广岛的原子弹"小男孩"

温灼伤和弹片击伤,而原子弹能产生 5 种杀伤力,即光辐射、冲击波、早期核辐射、电磁脉冲、放射性污染等。这些因素都具有极强的杀伤力,而且范围可到达30千米以外。

☆比原子弹威力还大的氢弹

1952 年 10 月 31 日,美国在太平洋伊留劫拉布小岛上,爆炸了一颗试验性氢弹,威力相当于1040 万吨炸药。1961 年 10 月30 日,前苏联在新地岛上4000米的高空爆炸了一颗当量为5800万吨的氢弹,这是世界上最大的一次核爆炸。

氢弹,是利用氢原子核聚变反应所放出的巨大能量,起杀伤破坏作用的爆炸性武器。因为氢原子核需要在极高的温度下才能发生聚变,所以,氢弹也叫热核武器。氢弹主要由热核材料、引爆原子弹和弹壳等组成。氢弹的爆炸过程,等于原子弹爆炸过程与氢核聚变的过程的总和,因此,它的威力比原子弹还大。

世界上第一颗氢弹爆炸

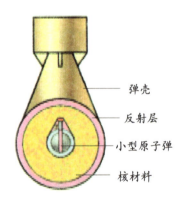

弹壳
反射层
小型原子弹
核材料

氢弹内部构造示意图

☆中子弹

在原子弹、氢弹等核武器相继问世以后，美国于1977年6月研制成功了旨在杀人的中子弹。这种新型武器被称为第三代核武器。

中子弹是靠核爆炸时产生的大量的高能中子来发挥作用的。高能中子对人员的杀伤效果特别显著。高能中子进入人体后，能破坏人体组织细胞和神经系统。当人体受到中子辐射达

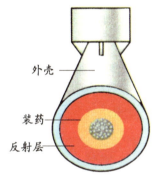

中子弹内部构造示意图

到一定剂量时，人就会在短时间内失去战斗力或者死亡。中子弹爆炸后产生的冲击波、光辐射都不大，仅为一般核爆炸的1/10，因而对坦克、大炮、坚固工事等的破坏作用小。但是，中子像透视身体的 x 光射线一样，能方便地穿透坦克、装甲车的钢铁壳体杀伤里面的人员。

中子弹的威力一般相当于1000～3000吨TNT当量的破坏能量。一枚1000吨TNT当量的中子弹在200米高空爆炸，在爆炸中心900米范围内的坦克乘员，或者立即暂时昏迷，或者失去战斗力，10天内全部死亡。战场上按每平方千米有40辆坦克计算，一枚这样的中子弹可使100辆坦克乘员立即丧失战斗力，200多辆坦克乘员丧生。

左侧标注：
外壳
装药
反射层

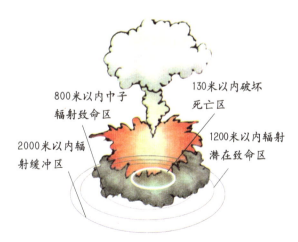

800米以内中子辐射致命区
130米以内破坏死亡区
2000米以内辐射缓冲区
1200米以内辐射潜在致命区

中子弹破坏区域示意图

☆ B61—11型钻地核弹

早在1961年，美国就开始研究钻地核武器的可行性。1974年到1978年期间，美国用"潘兴"导弹进行了大量的钻地试验研究。1997年，美国成功研制出了钻地核弹B61—11，当年就进行了批量生产并交付部队。B61—11型炸弹成了美国自1989年暂停核武器生产以来核武库中最新的核弹头。

B61—11是由洛斯·阿拉莫斯国家研究所研制的，它是一种2级内爆式辐射核弹，重326~343千克，长约3.7米，弹径为0.34米，用贫铀弹壳来提高弹体强度。B61-11由B—52、B—1、B—2战略轰炸机和F—16战斗机携带，钻入岩石2~6米后引爆，爆炸当量从300吨到34万吨TNT不等。该核弹爆炸时，释放的能量大部分传入地下，能破坏100米范围内的坚硬岩石，摧毁地下工程，而对目标周围的附带毁伤效应则比较小。

目前，美国正在研究的新型低当量核弹将具有多弹头、深钻地、高命中精度的特点。已经有报道说，美国拟将"三叉戟Ⅱ"潜射弹道导弹普通弹头改装为3~7枚深钻地核弹头。新核弹头对中等强度岩石或混凝土的钻地深度可达18米。而通过进一步改进制导技术，该核弹的命中精度

投射 B61—11 钻地核弹

将从目前的10米提高到3米以内。新钻地核弹的另一个技术突破重点是智能引信技术，它将控制核弹在破坏地下目标的最佳位置引爆。这样，新核弹将依靠强大的冲击波有效地摧毁300米深处花岗岩中的地下目标。

在核武器的分类中，低当量钻地武器是一种重要的战术核武器，具有非常明确的战术指向。

B61—11型钻地核弹

火　炮

HUO PAO

☆ 翻山越岭的迫击炮

迫击炮是用座板承受后坐力发射迫击炮弹的曲射火炮。迫击炮重量轻、操作简便、弹道弯曲,适用于对遮蔽物后的目标和水平目标射击,能在短兵相接的场合发挥威力。同时便于运载,可以跟步兵一起翻山越岭,是团、营装置的压制兵器,主要担负近距离压制任务。

迫击炮

轮式迫击炮

中国99式82 mm速射迫击炮

炮重650 kg,最大射程大于4270 m,最小射程小于800 m,82 mm速射迫击炮,火力可覆盖左右为30°、仰角介于－1°～85°之间的区域。

迫击炮最早出现在1904年的日俄战争中。当时,日军逼近俄军的要塞阵地,而俄军的远射程炮对相距很近的敌人用不上,轻武器火力又小,在没有办法的情况下,俄军士兵将小炮架起来,炮口仰得高高的,发射了一种超口径长尾形炮弹,结果,炮弹在天上划出一道弯弯的孤线,正好落在日军的堑壕附近,歼灭了进攻的敌人。

第二次世界大战中及战后以来,迫击炮的发展更是日新月异,除中小口径外,最大口径的迫击炮已发展到240 mm(前苏联),最大射程已达9.7～12.5 km,战斗全重则达4150 kg。迫击炮由过去的人背马驮,逐步发展为牵引、自行和车载,随着陆军逐步向飞行化、摩托化和装甲化方向发展,迫击炮也成为一种机动性能良好、作战威力强大的近程攻击兵器。

☆用作火力支援的加农炮

加农炮是一种身管较长、初速较大、射程远、弹道低伸的火炮。它适宜于直接瞄准射击坦克、步兵战车、装甲车辆等地面上的活动目标,也可以对海上目标射击。坦克炮、反坦克炮、舰炮、海岸炮等,具有加农炮特性,属加农炮类型。

加农炮由于弹道低伸,射击死角较大,阵地配置受到地形限制,所以常常与榴弹炮配合使用。

美国M1A1主战坦克上的加农炮

155 mm 加农炮

中国加农炮

加农炮按口径可分为:小口径加农炮,75 mm以下;中口径加农炮,76 mm～130 mm;大口径加农炮,130 mm以上。按运动方式可分为:牵引式、自运式、自行式和装载到坦克、飞机、舰艇上载运式4种。反坦克炮、坦克炮、高射炮、航空炮、舰炮、海岸炮均属加农炮之类。

加农炮较其他类型的火炮射程都远,例如,美国157 mm自行加农炮,最大射程32.7 km;而口径比它大的203 mm榴弹炮,最大射程却只有29 km。因此,加农炮特别适合于远距离攻击敌纵深目标。

☆用作火力支援的榴弹炮

榴弹炮出世较早。在中国历史博物馆里，有一尊元朝的铜火炮，1332年制造，是现今世界上已发现的最早的榴弹炮。可是，由于开始的炮管没有膛线，光溜溜的，弹丸飞出炮口后，总是东倒西歪，甚至翻跟斗。到1846年，人们从小孩玩的陀螺受到启发，试验了第一门线膛炮，使弹丸稳稳当

美国M110自行榴弹炮

美国20世纪50年代研制，60年代初期研制定型的203 mm自行火炮，1962年装备部队，用以取代M－55式203 mm自行榴弹炮。1963年装备部队，改进型号有M110A1和M110A2。M110A2采用新型M188－1式发射装药(9号)，发射火箭弹时最大射程增加到29.1 km。本炮为美军现役最大型火炮。

2S7式自行榴弹炮

前苏制造，也称M－1975式，20世纪70年代中期研制定型的203 mm自行火炮，1977年装备部队，用以取代8－23式180 mm加榴炮，使用履带式专用底盘车，外形结构略同美国M－110式。用以装备方面军和统帅部炮兵部队。配用常规弹药和核弹。射程远，威力大，无装甲防护，三防能力弱，配有输弹机，射速快。有履带式弹药车伴随行动。

当地朝着指定的目标前进了。

榴弹炮身管较短，初速较小，弹道较弯曲，是地面炮兵使用的主要炮种之一。榴弹炮的射角较大，弹丸的落角也大，杀伤和爆破效果好。它适宜射击隐蔽目标或大面积目标。如山后有一座敌人碉堡，榴弹炮射击时能翻过山顶将目标摧毁。

☆中国 PLZ45型自行榴弹炮

PLZ45型155毫米自行榴弹炮及其指挥系统是一种先进的、理想的支援武器系统,技术成熟,性能优良。

PLZ45型155毫米自行榴弹炮为45倍口径,可发射北约制式弹药。它射程远,射速高,其上装有惯性寻北仪、卫星定位接收器、激光测距仪、无线数字对话转换器和全自动操纵瞄准系统等。良好的底盘设计改善了武器的机动性。火炮战斗反应异常迅速。该炮的弹道性能与155毫米牵引火炮相同,动力装置采用386千瓦风冷增压柴油机。该炮战斗全重32吨,乘员5人,最大射程30千米,射速4~5发/分,身管寿命900发。射击指挥车是全武器系

PLZ45自行榴弹炮

统的核心,其性能先进,功能齐全。该车重13.8吨,采用235千瓦BF8L413F型发动机,可载4~6名乘员,最大公路行驶速度达50千米/时,并可随同坦克在田野中以35千米/小时速度行驶。

☆ PZH2000型自行榴弹炮

PZH2000型自行榴弹炮是世界上最先进的火炮,最大射程为36千米以上,能以高速率发射多种弹药,有效支持机动部队,它的模块式装甲和核、生、化保护系统,以及它的高机动能力提高了整个系统生存力。PZH2000型自行榴弹炮能打击软式和半软式面状目标。主要装备为1门52倍口径的155毫米火炮,辅助武器为1挺7.62毫米机枪。它的火控系统属于顶尖水平的,包括综合惯性导航系统、弹道

德 PZH2000型自行榴弹炮

计算机、观察瞄准系统、热像仪、激光测距机等,使火炮的射击精度和反应能力大大提高。

PZH2000最大的特点是射程远。在

发射L15A1北约标准炮弹时,射程为30千米;在发射增程弹时,射程达 40 千米。这样它就可以在目前各国装备的火炮的射程外开火,保证了自身的安全。该炮另一个特点是弹药储备量大,车内装有60枚弹丸和67包装药,能组成60发分装式炮弹,是老式M109火炮储弹量的2倍多。

PZH2000安装了自动装弹机,该装弹机可以在火炮任何仰角时给火炮填装弹药,它的射速也很高,达到3发/10秒的急射速度和8发/分的连续射速。PZH2000配备的弹种有杀伤爆破榴弹、子母弹等。

英国AS90自行榴弹炮

这种炮于1992年开始装备英军驻德国莱茵的炮兵团。AS90自行榴弹炮的战斗全重45吨,乘员5人,即车长、炮手、2名装填手和驾驶员。主要武器是1门身管长为39倍口径的155 mm榴弹炮,从1995年起换装52倍口径的155 mm榴弹炮。发射底部排气弹时最大射程达40 km。弹药基数48发,炮塔尾部弹舱装31发,车体内存放17发。弹药为分装式,用半自动装弹机装填。火炮持续射速为2发/分,连续发射3分钟的最大射速为6发/分;急射时,10秒钟可发射3发。辅助武器是1挺12.7 mm机枪,安装在炮塔左侧,用于对空自卫。

火控系统由惯性动态基准装置、计算机、数据传输器和各种显示器组成,形成一个自动化的瞄准系统,可以自动完成测量、校准、瞄准等工作。

AS90自行榴弹炮的底盘采用美国功率为485 kw的涡轮增压柴油机和德国液力机械传动装置,最大速度为55 km/h,最大行程370 km。

PZH2000 型自行榴弹炮

☆美国M52全履带105毫米自行榴弹炮

美国M52、M52A1全履带 105 毫米自行榴弹炮,在20世纪50年代完成。全长5800毫米,宽3149毫米,高度3316毫米(机枪位置),车体 3056 毫米。车底距离地面高为491毫米。履带宽为533毫米,履带接地距离为3793毫米。公路最大速度56.3千米/小时,M52A1为67.59千米/小时,行程160千米,涉水深度1219毫米,爬坡度60%,垂直越障914毫米,越障1828毫米。车体和炮塔多数部位装甲12.7毫米。

所有的乘员均在车体矩形炮塔后部。采用垂直滑动弹链方式供弹。炮塔内以及车体内总共可以携带 102～105 发炮弹，炮塔内是旋转弹鼓，待发弹21发。机枪弹900发。炮弹总共有6种，都是半预装的，M1型高爆弹总重19千克，射程11270米，另外还有 M67 高爆穿甲和高爆穿甲训练弹，此外还有化学、V 烟幕和照明弹等许多弹种。

M52 式榴弹炮

☆ 帕拉丁自行榴弹炮

M109A6"帕拉丁"为美陆军装备的155毫米自行榴弹炮，是 M109 自行榴弹炮系列的最新改进型，于1992年4月开始装备，主要装备美军的装甲师、机械化步兵师和海军陆战队，是美军重型机械化部队主要的火力支援武器。该榴弹炮有4名乘员，即指挥员、驾驶员、炮手和装弹手，采用半自动装弹系统，带"凯夫拉"装甲焊接炮塔。战斗重量32吨，车长9.75米，车宽3.15米，车高3.24米，速度64千米／小时，最大行程343千米，备弹39发，反应时间小于60秒。

该自行榴弹炮的自动化程度较高，能在1分钟内发射8枚炮弹，射程达到24～30千米，并且"射击－转移"程序十分紧凑，只需不到1分钟时间，就能自动完成从开火到撤离的一系列动作，从而能在敌方反压制炮火到来之前，以40千米的时速逃之夭夭。该榴弹炮换装 M284 火炮，身管和发射药进行了改进，并安装了新的隔舱化系统、新型自动灭火抑爆系统、特种附加装甲等改进设备。

M1C9A6"帕拉丁"155毫米自行榴弹炮

☆ 迅速猛烈的火箭炮

火箭炮有多个发射管,一层层地排列起来,好像是把十几门或几十门大炮的炮管捆绑在一起,放在一辆汽车或履带车上,成为一个运动自如的小火炮群。

火箭炮射程远,火力猛,机动性好,惯性力小。在大部队发起进攻之前,往往用火箭炮开路。它是一种压制敌方进攻和协助己方进攻的大面积射击武器,是对付暴露的集群目标的有效火力。在战斗中,能迅速、突然、猛烈地打击敌人。第二次世界大战期间,前苏联为了对付纳粹德国快速进攻的机械化部队,在1941年设计制造了一种多轨道的自行火箭炮,最大射程为8.5千米,一次齐射火箭弹16发,打得德国兵鬼哭狼嚎,被称为"鬼炮"。火箭炮威名大振。

火箭炮一般装在战车上,也可以装在飞机和舰船上发射,还可用火箭炮散布地雷来打坦克,或者用它抛撒炸药包进行扫雷,为坦克在雷区行进开辟道路。

美国M270式自行多管火箭炮

M270是美国在20世纪70年代中期研制的一种新型远射程野战炮,1983年开始装备部队。海湾战争中,M270式自行多管火箭炮首次投入实战使用。

该车的车体由M2步兵战车改装而成,战斗全重25.2吨,乘员3人。最大速度每小时64 km,最大行程480 km。火炮口径227 mm,2个发射箱各装6枚火箭或1枚战术导弹。火箭弹长3.9 m,直径22.7 cm,火箭炮一次齐射共12发,可抛7728个M77式子弹,覆盖面积可相当于6个足球场。发射布雷弹1次齐射可布设336枚反坦克地雷,形成1000 m长的反坦克雷区。

日本75式火箭炮

75式130 mm多管火箭炮于1975年装备日本陆上自卫队。它的主要战术任务是射击敌集结部队和反冲击部队,以及指挥所等面积目标。

该多管火箭炮主要装备日本陆上自卫队的师属炮兵团,每团10辆。

☆俄罗斯"旋风"300毫米火箭炮

"旋风"300毫米火箭炮（也称BM-30，"龙卷风"）是俄罗斯军队装备最现代化、最新型的远程多管火箭炮。该炮在20世纪80年代前后研制，1987年装备部队。系统组成包括：发射车、安装有吊车和装填装置的运输装填车、杀伤爆破火箭弹。每门炮配有1辆弹药车，装有专用装填起重机和12发火箭弹，可在20分钟内装填完毕。使用的火箭弹包括带破片杀伤子弹药的集束式火箭弹和带可分离战斗部的杀伤爆破火箭弹和带、自动瞄准子弹药的集束式火箭弹。在集束式火箭弹内有72个重量为1.75千克的子弹，一次齐射12发火箭弹可抛出864枚子弹，覆盖面积达67公顷。由于火箭弹上增加了一个自主式主动飞行相位控制系统，大大提高了该系统的射击密集度，比当今公认的美国M270式火箭炮的精度还要高。

"龙卷风"火箭炮

1977年装备苏联陆军。16个发射管，分三层排列，上层为4管，下面两层各6管。配用弹种有榴弹、化学弹和子母弹，一次齐射可布设368枚反坦克地雷。发射车采用"1吉尔-135"（8×8）卡车底盘。行军时，发射管与发射车成水平状态（炮口朝后）火箭弹重280 kg，齐射时间20秒，最大射程34000 m，战斗全重22.7吨，最大行驶速度65 km/h，最大行程500 km，炮班人数4人。

☆中国WS-1多管火箭系统

WS-1多管火箭系统由WS-1火箭、火箭发射车、射击指挥车和运输装填车等组成。作为进攻性武器，一般对面积目标射击，用于摧毁敌方纵深目标，如各种设施；火力阵地、交通中心和通信中心等，具有机动性高、灵活性好、成本低、使用和维修方便等特点。WS-1火箭最大射程为80千米，最小射程为20～30千米，最大飞行速度为5.79千米/小时，最大飞行高度30千米。火箭长4.52米，直径0.302米，起飞质量520千克。火箭由引信、战斗部、固体火箭发动机和尾段组成，采用慢速自旋加尾翼的稳定方式。

它的战斗部重150千克，有杀伤、爆

破战斗部和子母弹战斗部两种。杀爆战斗部的有效杀伤半径为70米；子母弹的子弹杀伤半径为3米。战斗部的引信可根据作战需要选用触发引信或近炸引信。

运输装填车是运输和装填WS－1火

中国ws—1火箭系统

中国320 mm远程火箭炮

箭的配套装备。每辆火箭发射车配备1辆运输装填车，与火箭发射车对接后一次可装填4枚火箭，所需时间不超过10分钟。运输装填车与火箭发射车以及射击指挥车所用的底盘均为同种型号，从而有利于车辆的维护保养以及战时的协调。

☆中国PHZ89式122毫米火箭炮

PHZ89式122毫米火箭炮是我国自行研制的新一代履带式自行火箭炮，由武器系统和底盘组成，战斗全重约33吨，弹药携行量80发，乘员5人，主要装备陆军装甲(机械化)部队。

火箭炮的武器系统由炮塔(车体)、发射架、自动装填机构等组成。

该炮采用了专门设计的履带式自行火炮中型底盘。功率强大的发动机使火炮具有较强的越野机动能力；液压助力的操纵装置与新型转向机、变速箱同步配合，

中国PHZ89式122 mm火箭炮

最大时速：55 km/h

最大行程：450 km

射速：18～20秒内40枚发射完毕

使驾驶员的操作更轻便、快捷;独立的扭杆／油气减震悬挂装备使火炮在各种地形上的行驶能力大幅度提高,能够伴随装甲(机械化)部队机动作战;车载通信设备可进行火炮内／外部通信,并保障指挥自动化的数据传输。

PHZ89式122毫米火箭炮的主要特点是:结构简单、可靠性高、越野和火力机动性强、火力猛烈、射程较远,总体性能先进。多箭联装的大口径火箭弹可在极短时间内在目标区形成大面积的火力毁伤区,给敌方以歼灭性的打击。

☆ A100型300毫米轮式火箭炮

A100型300毫米10管火箭炮是我国研制的新型火箭炮。

A100型300毫米多管火箭炮武器系统,由1辆指挥车、4～6辆发射车和4～6辆运弹车组成一个基本作战单元。火箭发射车采用TA80型越野车为底盘;配备的火箭弹安装有简易控制系统,可保证攻击的准确度,战斗部为二元(反装甲、反人员)子母式战斗部。

A100型300毫米多管火箭武器系统,采用先进的双用途子母弹战斗部,弹长为7.3米,直径0.3米,起飞质量840千克,战斗部质量235千克,杀伤威力方面达到了世界先进水平。火箭弹采用先进的一次抛散的破甲、杀伤双用途子母弹战斗部,开壳、抛壳、抛撒子弹一次完成。子弹数不少于500个,子弹的破甲厚度不小于50毫米,有效杀伤半径不小于7米,子弹散布半径为100±40米。每辆发射车每车载弹10发;一门火箭炮一次齐射10发火箭弹,可在目标区上空投射出5000枚子弹药。中

国A100型火箭炮,对炮弹采用简易飞行控制技术系统,突破了远程火箭武器精度较差瓶颈,分别对横向偏差和射程偏差进行修正。火箭弹在85千米上的散布误差小于1/300,在多管火箭领域来说几乎是最高的,甚至超过了身管火炮的射击精度。A100供弹车采用8×8越野底盘,自重21吨,载重22吨,可携带10发火箭弹。满载时在公路上最大行驶速度为60千米／小

中国A100型火箭炮
全弹重:780 kg
弹长:7200 mm
战斗部重:200 kg
最大射程:100 km
最小射程:40 km

时，一次加油行程不小于650千米，最小转弯半径15米，最大爬坡度57°，最大涉水深度不低于1.1米。该车可运载两组10火箭弹，车后带有随车吊装弹药。

☆中国台湾"雷霆"2000火箭炮

"雷霆"2000多管火箭发射系统是近年来中国台湾自行研制装备中性能较高的一种，它采用M977轮式载重车装载，全系统采用模块化设计，可装填3种弹箱，发射MK15、MK30及MK45共3种不同口径的火箭弹。"雷霆"2000系统类似于美国在1993年发展的高机动性炮兵火箭系统，重量比美军现装备的M270火箭炮轻，造价也相对较低，但同M270一样使用模块化设计的一次性弹箱，再次装填速度很快。

在"雷霆"2000使用的3种火箭弹中，MK15最小。MK15弹径117毫米，长2.2米，重42.6千克，最大射程15千米。MK30型火箭的弹径比MK15大，射程增至30千米，既可用于杀伤人员，也能用来打击轻装甲目标。MK30的发射箱为9联装，每车可载3具，共27枚火箭弹。最大的MK45型火箭弹，射程达45千米，引信也与MK15相同，但配有更大的弹头。

"雷霆"2000型火箭发射系统可左、右旋转120°，发射车装有高精度定位定向系统，数据、语音无线电通信装备和火控计算机。

中国台湾"雷霆"2000火箭炮

☆自由运动的自行火炮

自行火炮是结合在车辆底盘上，不需要外力牵引而能自由运动的一种炮。它的形状很像坦克。自行炮把装甲防护、火力和机动性三种要素统一起来，在战斗中对坦克和机械化步兵进行掩护和大力支援。

自行火炮可分成自行榴弹炮、自行加农炮、自行反坦克炮、自行无后坐力炮、自行迫击炮和自行高射炮等数种。因底盘不同，又可分为轮式和履带式两种。现代的自行火炮以履带式的居多。

现代自行火炮的口径，从20毫米到57毫米不等。最新式的全天候全自动的自行高射炮,结构和操作十分复杂,造价也贵得惊人。安装在吉普车上的自行无后坐力炮,是最简单的自行火炮。

ZSU-23-4自行高炮

　　ZSU-23-4自行高炮是ZSU-57-2的换代装备,20世纪60年代初开始装备前苏军。战斗全重约15吨,乘员4人:车长、驾驶员、搜索瞄准手和测距手。主要武器为4管ASP-23型23 mm高射机关炮,有效射程2500 m,最大射高5100 m。ZSU-23-4自行高炮采用PT-76水陆坦克底盘,发动机的最大功率为176.5 kw。公路最大速度可达50 km/h。

日本87式防空火炮

　　日本87式防空火炮系统是基于74式坦克底盘之上,具有全天候作战能力,并装备有一个双模(探测/跟踪目标)雷达以及先进的火控系统。

☆守护天空的高射炮

　　高射炮是专门对付飞机的,它是随着飞机的诞生而诞生的。1906年,德国人首先制造了对付飞艇、飞机的第一门高射炮。现在已经有大口径高射炮、小口径高射炮、多管联装的高射速高射炮,还有机动性强的自行高射炮。高射炮的口径从20毫米到130毫米,共有20多种。习惯上,人们把它们分成大、中、小三类。大口径高射炮打击高空飞机,小口径高射炮打击低空飞机。在对空作战中,不管飞机是从高空来,还是从低空来,都逃不脱空中的火力网。现代高射炮打飞机,首先要测出飞机的高度、飞行速度、航向,算出射击数据,然后才能击中目标。这些工作由专门的观察设备、瞄准机构和计算装置来完成,包括雷达和光学侦察设备、瞄准具和指挥仪及信号递等。这就大大提高了高射炮的命中率。

　　高射炮的威力很大。仅以早期的高射炮为例,在第一次世界大战中,在德国战场上,高射炮进行了1154次对空战斗,击落飞机1590架。在第二次世界大战中,被高射炮击落的飞机占各国损失飞机的一半。

现代小口径自行高炮

　　小口径自行高炮,具有全天候作战能力,从发现目标到停车开始射击的反应时间短（仅6~8秒）,具有独立作战能力。

意大利奥托·梅拉拉25 mm 四管自行高炮系统

意大利奥托·梅拉拉公司1979年研制,1987年生产,1989年装备部队。由KBA-B式25 mm四管机关炮、铝合金焊接炮塔、光电火控系统、M113式装甲人员输送车底盘及弹药组成。身管长2173 mm,最大初速1100 m/s（脱壳穿甲弹）,有效射程1500 m,有效射高1000 m。

M163式20 mm 六管火神高射炮

美国于1964年开始研制,1965年正式定型,1968年8月起正式服役,主要装备美军机械化步兵师和装甲师,属混合防空炮兵营,与小榭树防空导弹配合使用。主要用于掩护前沿部队,对付低空飞机和武装直升机,也可对付地面轻型装甲目标。

该炮射速高、火力密度大。对空射击可达3000发/分,可形成密集杀伤区域,能打多批目标;射击方式灵活。可采用10、30、60、100发点射,操作方便,不受电子干扰。装甲防护性能较好,机动能力强。缺点是射程较近、威力不足,早期型号不具备全天候作战能力。

☆ 反坦克炮

通俗地讲,反坦克炮就是专门用于打坦克的炮;严格说,反坦克炮就是一种采用直接瞄准,专用于对坦克和装甲目标进行攻击的火炮,曾经叫战防炮。

反坦克炮的类型很多。按机动方式,可分为牵引式反坦克炮和自行式反坦克炮;按炮管结构,又可分为滑膛反坦克炮和线膛反坦克炮。

自行式反坦克炮是一种车炮结合、能够自行机动和发射的反坦克炮。按行动部分结构,可分为履带式、半履带式、轮式和轮履合一式自行式反坦克炮;按防护程度,可分为全装甲式和半装甲式自行式反坦克炮。第二次世界大战中,随着坦克装甲厚度的不断增加,反坦克炮的口径从47毫米增加到100毫米。目前反坦克炮的技术性能与坦克炮发展水平不相上下,口径已达到90~125毫米,初速度最大1700米/秒,直射距离1700米,最大设计速度12发/分,战斗全重在5吨左右,可配用的弹种有穿甲弹、破甲弹和碎甲弹等。

轮式反坦克炮

中国120 mm 8x8轮式反坦克突击炮

　　我国新研制的120 mm 8x8轮式自行反坦克炮，战斗全重22吨，乘员4人，主要武器：1门120 mm火炮，战斗射速：8发/分，辅助武器：12.7 mm车载机枪1挺，7.62 mm并列机枪1挺，76 mm榴霰弹发射器4具，弹药基数：火炮30发，12.7枪弹500发，7.62枪弹2000发，76榴霰弹8发。它由火力系统、火控系统和轻式底盘三大部分组成，由于炮车采用了发动机和传动系统前置的总体布局方案，可为战斗室提供更大的空间，以便布置弹药和乘员工作位置。该炮采用120 mm滑膛炮，其射程和穿甲威力均大于105 mm坦克炮，与125 mm坦克炮相当。火控系统达不到新型坦克的水平，但轮式炮机动性好。公路最大行驶速度90 kg/h，最大行程800 km，燃料消耗比履带式减少60%～80%，可靠性高，维修简便，主要用于装备我军轻型机械化师和快反部队。

89式120 mm 自行反坦克炮

　　中国于20世纪80年代末装备部队的89式120 mm自行反坦克炮是我军装备的第一种自行反坦克炮，也是世界上第一种进入现役的120 mm自行反坦克炮。

☆坦克炮

　　坦克炮是一种安装在坦克上的加农炮，按坦克特殊要求所制成的火炮。坦克

国产98新型主战坦克

　　国产98新型主战坦克在炮塔左上方安装有一组类似法国"勒克莱尔"坦克的组合式光电系统，使我国主战坦克的夜视夜瞄技术有了突破性的进展。配合第二代国产坦克已经使用的计算机稳像式火控系统，国产98主战坦克的火力已经足以与国外名车一较高低。

　　炮多用于直瞄射击，弹道平直。坦克炮分线膛炮和滑膛炮两种，具有方向射界大、发射速度快、命中精度高、穿甲威力强和火力机动性好等特点。坦克炮大都采用旋

中国85主战坦克

　　主炮口径125 mm，最大容弹量40发。

转式炮塔,既可保护乘员和炮尾免受敌火力损伤,乘员可直接从炮塔顶部观察战场态势,以发现和跟踪目标,可使火炮360°环射。

坦克炮的口径第一次世界大战时为57毫米,第二次世界大战时为85毫米,目前最大为125毫米。在滑膛式坦克炮中,口径最大的是前苏联T72、T80等主战坦克装备的125毫米滑膛炮,德国的"豹"和美国的MIAI主战坦克均采用120毫米滑膛炮。在线膛式坦克炮中,目前口径最大的是英国"挑战者"号装备的120毫米线膛炮,改进前的美国 M1 坦克和以色列的"梅卡瓦"坦克均采用 105 毫米线膛炮。

坦克炮的身管一般装有抽气装置,有的还装有热护套。坦克炮不能像榴弹炮和迫击炮那样进行大仰角发射,其仰角一般仅有 20～30°,但方向射界大,可达360°旋转发射。由于受坦克车内空间的限制,坦克炮所带的弹药基数较少,一般为40～50发,英国"挑战者"号坦克最多,也仅为 62 发。

坦 克
TAN KE

☆ "陆战之王"——坦克

坦克是一种具有强大直射火力、高度越野机动性和坚强装甲防护力的履带式装甲战斗车辆。它是现代地面作战的主要突击兵器和装甲兵的基本装备,也是矛和盾合二为一的武器。它可以在复杂的气候

俄罗斯T54/55坦克

条件下担负多种作战任务,主要用于与敌军坦克和其他装甲战斗车辆作战,也可以压制、消灭反坦克武器和其他炮兵武器,摧毁野战工事,歼灭有生力量。是地面作战的主要突击兵器,常被人们誉为"陆战之王"。

坦克是一种既能进攻又能防御的兵器。通常由操纵、战斗、动力传动和行动四部分构成。操纵部分,也就是驾驶室,通常位于坦克的前部,内设操纵机构、检测仪表、驾驶椅等;战斗部分也叫战斗室,通

常位于坦克的中部,包括炮塔、炮塔座圈和下方的车内空间,车内空间设有坦克武器、大控系统、通信设备、"三防"装置、灭火抑爆装置和乘员座椅,炮塔上装有火炮、高射机枪、抛射式烟幕装置等;动力传动部分也称动力室,一般位于坦克的后部,里面设有发动机、传动装置等;行动部分位于车体两侧下方,有履带推进装置和悬挂装置等。坦克乘员一般为4人,分别担负指挥、射击、装弹和驾驶等任务。

意大利OF40主战坦克

OF40是意大利在二战后研制的第一种坦克。1980年装备阿联酋军队,战斗全重45.5吨,最大时速60 km,最大行程600 km。主炮为105 mm线膛炮。

☆ 坦克大家族

许多人对坦克的一些"亲戚"——装甲汽车、工程车辆、拖拉机等能够分辨。但对坦克这个"家族"里的各个成员，却分不太清，也不知道坦克"家族"有多少成员。

中国 98 式主战坦克

作为"家族"的代表，当然是坦克的弟兄们。从前，坦克主要有三兄弟：重型坦克、中型坦克和轻型坦克。20 世纪 60 年代后，慢而笨的重型坦克"衰老"了，各国都不再生产和发展，出现了另一个"主战坦克"兄弟。主战坦克是现代坦克家族中的重要成员，是世界各国发展的重点。其他小兄弟有侦察坦克、空降坦克、水陆两用坦克等。

坦克还有一些好伙伴，它们是在坦克的基础上，去掉坦克上的炮塔和武器，装上不同用处的专业设备，成为"变型坦克"。它们是配合坦克行军作战不可缺少的伙伴，如指挥坦克、扫雷坦克、工程坦克和抢救坦克等。坦克还有一些堂兄弟，它们是用坦克或其他车辆改装而成的自行火炮，如自行加农炮、自行榴弹炮、自行高炮、自行火箭炮、自行无后坐力炮和自行迫击炮等。坦克还有一些好帮手，它们是装甲输送车和步兵战车。坦克还有一个表兄弟，它就是履带式火炮牵引车。

中国 98 式主战坦克

98 式主战坦克在火力、机动性和防护性上取得了很好的统一。拥有相当优秀的技战水平。英国著名《简氏防务周刊》称 98 式是世界上最先进的坦克之一，同时也是中国目前最先进的主战坦克。

☆ 主战坦克

1960 年代开始，各国将原来的轻、中、重型坦克重新分类。中、重型坦克一般也是各国装甲部队的主力，也被称作主战坦克(主力战车)。

主战坦克是装有大威力火炮、具有高度越野机动性和装甲防护力的履带式装甲战斗车辆，一般全重为 40 吨～60 吨，从 20 世纪 80 年代开始各国的主力战车的重量有快速飙涨的趋势。火炮口径目前多为105毫米以上，滑膛炮也在80年代开始成为许多国家设计新一代主力战车的首选，以增强对装甲的破坏力。主要用于与敌方坦克和其他装甲车辆作战，也可以摧毁反坦克武器、野战工事、歼灭有生力量。

目前世界各国装备的主战坦克，几乎都是第二次世界大战后设计的产品。根据生产年代和技术水平可分为三代，20世纪60年代末至90年代初生产的属于第三代，代表车型有苏联的T-72和T-80、美国的M1/M1A1、英国的"挑战者"、法国的"勒克莱尔"，德国的"豹Ⅱ"等。第三代坦克装有1门105～125毫米坦克炮，发射尾翼稳定式脱壳穿甲弹，直射距离1800～2200米；配有热成像瞄准具和先进的火控系统，具有全天候作战能力；采用复合装甲或贫铀装甲，有的还披挂反应装甲，防护力比第二代坦克提高1倍；战斗全重一般在50吨左右，最轻的35吨，最重的62吨；越野速度45～55千米／小时，最大速度达75千米／小时；装有陆地导航设备，能大纵深运动而不迷航。

值得一提的是，中国的ZTZ-99式也是威力无比，挤入先进主战坦克之列。

主战坦克比坦克还要更快并且更有威力，它们是相当可怕的战具，可以在一回合内攻击数次。主战坦克在战况不利时也能迅速撤退，脱离战场。

德国豹"Ⅰ"主战坦克

☆德国"豹Ⅱ"主战坦克

该坦克为德国第二代主战坦克，安装有120毫米口径的滑膛炮，配有自动输入式弹道计算机控制的火控装置和激光测距仪、火炮稳定器等，可在行进间射击。辅助武器是两挺口径为7.62毫米的机枪，一挺装在炮塔上，为防空用；另一挺是并列机枪。早期型号在炮塔和底盘上安装了夹层装甲，后期的"豹Ⅱ"改进车体与炮塔，改用新型装甲。

"豹Ⅱ"主战坦克

该坦克全重55吨,乘员4人。最大速度每小时68千米,越野速度每小时55千米,最大行程520千米~540千米。越壕宽3米,克服垂直墙高1.2米,有准备时涉水深2.25米,潜水深4米。车长9.74米,车宽3.5米,车高2.49米。

该车是专为对付T—72和T—80坦克而设计的。

在野外执行任务的"豹Ⅱ"主战坦克

☆ M1A1型艾布拉姆斯主战坦克

M1A1型"艾布拉姆斯"为美国陆军的主战坦克,具备优异的防弹外形,其炮塔和车体均采用新型复合装甲,在车体前部加装贫铀装甲,抗弹能力成倍提高。该坦克乘员为4名,战斗全重57吨,车高为2.4米,使用功率为1.1兆瓦的燃气轮机,越野速度和加速性能非常优秀,最大速度达72千米/小时;从0~32千米/小时的加速时间只需7秒。M1A1坦克热成像瞄准镜在能见度100米的战场天气条件下,识别目标距离超过3000米,火控系统反应时间

野外作战中的M1A1型主战坦克

短,首次发射时间一般6.2秒左右。

1991年的海湾战争中,M1A1型坦克首次投入使用,发挥了巨大的作用,出尽了风头,在3.5千米距离上对伊军装甲目标均首发命中,其穿甲弹可穿过15米厚的沙墙,击毁伊军的T—72M1坦克,创造了击毁伊军1000多辆坦克而自己仅损失9辆的惊人战绩,显示出超强风采,被誉为"沙漠雄狮"。

M1A1型主战坦克

☆ "铁骑勇士"——轻型坦克

轻型坦克是指体重在20吨以下的坦克。它具有较强的火力、高度的机动性和一定的防护力。主要是用于装备坦克部队和机械化步兵(摩托化步兵)部队的侦察分队、空降兵和海军陆战部队,同时也适用于侦察、警戒和特定条件下的作战。

轻型坦克是相对于传统中型和重型坦克而言,外形小、重量轻、速度快、通行性高的战斗坦克。主要用于主战坦克不便通行和展开的地区遂行战斗任务;也广泛装备坦克部队和机械化步兵部队的侦察分队。它较适合于山地、丘陵、水网稻田和沿海地区使用,且便于空运、空投和登陆作战。

轻型坦克在历次大战中曾充分发挥自己快速机动的长处,起了一定作用。战后,除一些发展中国家仍作为主要装备使用外,在大量装备使用主战坦克的国家里,轻型坦克通常被用作特种坦克。

瑞典IKV-91轻型坦克

IKV-91实际上是一种履带式反坦克歼击车。车体高度只有2.32 m(到指挥塔顶),长8.84 m(包括火炮),车体6.41 m,宽度3 m。战斗全重16.3吨。最大公路速度65 km/h,最大水上速度6.5 km/h。

法国AMX-13轻型坦克

法国于20世纪50年代研制成功。这种坦克最大的特点就是采用了摇摆式炮塔结构,采用了自动装弹机,乘员为3人。

☆装甲车

装甲车是装有武器和拥有防护装甲的一种军用车辆,按行走机构可分为履带式装甲车和轮式装甲车。装甲车是坦克、步兵战车、装甲人员输送车、装甲侦察车、装甲工程保障车辆及各种带装甲的自行武器的统称。

在装甲车辆中,除坦克、步兵战车和装甲人员运输车这3种主要车型外,还有装甲侦察车、反坦克导弹发射车、自行高炮、自行火炮和自行火箭炮,以及工程保障和后勤技术保障车辆等。

美国V-600装甲战车

☆步兵战车

步兵战车是供步兵机动作战使用的装甲车辆,主要用于协同坦克作战,也可独立作战,消灭轻型装甲战斗车辆、火力支撑点、软目标及各种反坦克武器,必要时

还可对付坦克及低空飞行的空中目标,步兵战车是20世纪60年代发展起来的一种新型装甲战斗车辆,它主要是为了满足现代战争条件下步兵协同作战的需求而发展起来的,在战术运用和设计思想上力求保持与坦克相当或快于坦克的行驶速度,与之协同推进和配合作战。在机动性方面,要求公路行驶速度达65~80千米/小时,行程达500~600千米,最大爬坡31°,越壕宽为1.5~2.54米,通过垂直障碍高为0.6~1米,多数能涉水和浮渡过河,水上速度6~8千米/小时。步兵战车战斗全重一般12~28吨,乘员2~3人,载员8~9人,必要时可空降或伞降,以提高其远程机动能力。

BMP步兵战车

BMP系列步兵战车以BMP-1.步兵战车为基型车。该车于1966年装备前苏军,除前苏联外,前华约各国、朝鲜、古巴、印度、埃及、伊拉克、伊朗等20多个国家也装备了该车。BMP-1共生产了约24000辆。

武士履带式步兵战车

武士履带式机械化步兵战车,由英国GKN—桑基公司生产,1985年,MCV—80步兵战士被正式命名为武士型。1986年1月开始批量生产。第一批生产型车辆于1986年12月完成。主要武器是拉登30 mm机关炮、辅助武器为1挺7.62 mm的L94A1机枪、烟幕弹发射器2组,每组4具。乘员10人。主要装备英军驻德国部队。

德国"鼬鼠"空降战车

当今世界各国的装甲战车中,德国人研制的"鼬鼠"空降战车独树一帜,以"小巧玲珑,体轻如燕"而著称,堪称是现役装备中重量最轻的履带式装甲战车。

☆步兵战车的火力和防护

在火力配备方面,一般都装有1门20~30毫米口径的机关炮,日本88式步兵战车的机关炮口径达35毫米,并加装了反坦克导弹,前苏联步兵战车的火炮口径最大已达73毫米。机关炮多为高平两用,既能对付地面目标,又能防空,炮弹一般采用自动装填,射速较高,可连发,一般车上配有4~9个射击孔。除机关炮外,还装有7.62毫米机枪和不同类型的反坦克导弹,同时配有红外、微光夜视和热成像等夜视装备。

在防护力方面,步兵战车的装甲厚度一般为18~30毫米,比坦克薄,但比装甲输送车要厚一些。它的炮塔正面能防20毫米或25毫米炮弹,车体能防机枪弹和炮弹片,一般采用铝合金、钢装甲或间隙复合装甲。

美洲狮步兵战车

☆ LAV-25 步兵战斗车

LAV-25 是美国海军陆战队的步兵战斗车,是一辆全天候、全地形的轻型装甲载具,具有在战场上迅速移动军火和部队的能力。以一具 202.26 千瓦的柴油引擎为动力,LAV-25 最高速度为 104.61 千米,而它的传动装置可以在四轮或八轮驱动间切换,使其能够爬 60°的陡坡。它是完全的两栖载具,可以渡过河流或湖泊甚至于抢滩时在近海作业。LAV-25 的武装包括一门 25 毫米主炮塔,一门和主炮同轴的 7.62 毫米机枪,以及一门安装在指挥官舱口外的 7.62 毫米机枪。

LAV-25 是针对美国海军陆战队的需求研发,是能在海岸甚至于沙漠等各种地形上作业的突击载具。由三名人员操作(驾驶、炮手和指挥官),LAV-25 最多可以搭载额外四名士兵和他们的装备。LAV-25 的主炮既敏捷又具威力,它可以摧毁诸如直升机和低空飞行的飞机等空中目标,以及压制敌方地面据点。

☆ M2 布雷德利步兵战车

马尔·布雷德利是美国陆军的五星上将,第二次世界大战时,他在北非战役、西西里岛登陆战役和诺曼底登陆战役中立下了赫赫战功。为了借助这位功勋卓著的将军的威风,美国以他的名字来命名 M2/M3 战车,M2"布雷德利"步兵战车于 1980 年正式投产,1983 年起装备美军机械化师和装甲师,用来协同 M1、M1A1 主战坦克作战。M3 和 M2 同出一宗,外貌相差无几,只是内部结构有所差异。M2 的战斗全重 22.59 吨,乘员 3 人、载员 7 人;M3 的战斗全重 22.44 吨,乘员 3 人、载员 2 人。

布雷德利步兵战车

"黄鼠狼"步兵战车

"黄鼠狼"步兵战车,是一种很有特色的步兵战车。最突出的一点,它是世界上最重的步兵战车之一,战斗全重达到28.2吨,车长为6.79 m,车宽3.24 m,车高(至炮塔顶)为2.985 m,车体顶部高1.9 m,车底距地高440 mm。车体和炮塔高度较高,主要是考虑欧洲人高大、强调乘坐舒适性的结果,这和俄罗斯制步兵战车过分强调外形低矮,形成鲜明对比。

"黄鼠狼"步兵战车有4名乘员,6名载员。"黄鼠狼"步兵战车的主要武器为1门Rh202型20毫米机关炮,由莱茵金属公司生产。该炮为气动复进式,弹带供弹,遥控操纵射击,结构简单,可靠性高。

ZSL92式轮式步兵战车

ZSL92式轮式步兵战车(也称作WZ551步兵战车),是由中国北方工业(集团)总公司于20世纪80年代在ZSL90式轮式装甲车(WZ551系列的原型车)的基础上发展而来的。

92式步兵战车主要装备机械化部队,用于支持步兵和运载步兵作战,可遂行机动作战任务,也可协同主战坦克作战。它主要用于消灭敌轻型装甲车辆、简易火力点和反坦克支撑点,杀伤敌有生力量,具有对低空目标的自卫能力。由于92式步兵战车有良好的机动性,因此也非常适合成为快速反应部队的主要装备,为其提供较强的火力支援和突击能力。

瑞典CV-90步兵战车

是1985年开始研制的,1988年首辆CV-90出世。它以攻击力机动力强、速度达70 km/h而引起一时轰动,被人喻为"北欧飞刀"。从那时至今还不到20年时间,它已发展出由3代步兵战车和多种变型车组成的CV-90履带式装甲战车车族。

☆ 意大利 VCC-80 标枪步兵战车

1982年,意大利"陆军再装备计划"启动后,陆军采购经费增加。仅用10年左右时间,意大利就相继研制出了"公羊"主战坦克、"半人马座"轮式装甲车、"美洲豹"轮式装甲车和"标枪"步兵战车。20世纪90年代研制成功的"标枪"步兵战车(音译为"达多"或"达尔多"步兵战车)为VCC-80步兵战车的进一步改进型。它战斗全重为23吨,乘员3人,载员6人,主要武器是1门25毫米机关炮,另有"陶"式反坦克导弹发射器,携8枚"陶"式反坦克导弹。它的武器除主炮和"陶"式反坦克导弹外,炮塔两侧各有4具一排的76毫米烟幕弹(榴弹)发射器。在炮

WCC-80标枪步兵战车

塔上进行炮换机枪等武器的拆卸和安装非常简便,不需要借助特殊的工具。它配备的数字化火控系统在当今世界步兵战车中是非常先进的,综合作战能力和技术先进程度使"标枪"战车跻身世界最先进的步兵战车之列。

☆ 装甲侦察车

装甲侦察车是一种装有侦察设备的车辆,分履带式和轮式两种,战斗全重5~18吨,个别可达19.5吨,乘员3~5人,车上配有20~30毫米机关炮和7.62毫米机枪,个别装有76~105毫米火炮和14.5毫米机枪。履带式装甲侦察车最大爬坡度为70°,越壕宽达2.1米,通过垂直墙高度为0.7米。轮式装甲侦察车陆上最高时速105千米,最大行程800千米,最大爬坡度为51°。车上一般装有大倍率光学潜望镜、红外夜

英国蝎90装甲侦察车

车长4.79 m,车宽2.235 m,车高2.102 m,战斗全重8.1吨。它装备有"三防"(防生物武器、化学武器、核武器)装置。全车用铝合金材料制成,有"全铝坦克"之称。

视观察镜、微光瞄准镜、微光夜视观察系统和热像仪等。昼间光学仪器对装甲车辆最大观察距离15千米,夜间一般为1.5～3千米。如装有雷达和激光测距仪,可观察20千米左右。目前,主要的装甲侦察车有美国的M3步兵战车、前苏联BPTIM装甲侦察车、法国AMX-I0RC轮式侦察车和英国的蝎式侦察坦克等。

美、英数字化侦察战车

数字化侦察战车成为世界各国争相研制的陆军新宠。它速度快、机动性好,具有极佳的隐蔽性,配备有先进的武器系统、乘员保护系统及数据采集、处理、传输系统,是未来中小型冲突中执行前线巡逻任务、敌后侦察和破坏活动必不可少的装备。美、英联合研制的未来装甲侦察车便是这些数字化侦察战车的杰出代表,目前该项目已进入样车测试阶段。

☆ 装甲输送车

装甲输送车是一种具有高度通行能力、用于输送步兵及物资的装甲车辆,分履带式和轮式两种。装甲输送车主要用于往战场输送步兵并对步兵进行战斗支援。必要时,可用车载武器和车载步兵的单兵武器遂行作战、侦察、巡逻和警戒任务。带有专用装置的装甲输送车还可用来牵引火炮、运送伤员、运送弹药和其他物资。

装甲输送车是一种以运输为主、攻击为辅的装备,所以车载武器多以自卫式武器为主,通常为1～2挺中、小口径机枪。装甲输送车的防护能力较坦克和步兵战车差,一般只要求能防机枪枪弹和榴弹破片,同时具有一定的三防能力。

日本96轮式装甲输送车

德国TPZ-1轮式装甲输送车

装甲输送车战斗全重通常为6~16吨,乘员2~3人,载员8~13人,爬坡度25°~35°。履带式装甲输送车陆上最大时速55~70 km,最大行程300 km~500 km,轮式装甲输送车陆上最大时速100 km,最大行程可达1000 km。多数装甲输送车具有水上行驶能力,履带或车轮划水时最大时速5 km,装有螺旋桨或喷水装置时,速度可达10 km。

俄罗斯BTP-80型轮式装甲输送车

1984年开始装备。可跨越2 m宽的壕沟和30°的陡坡,在多石的山路、沙漠、雪地也能通行,不经准备即可涉水通过,水上能抗2~3级风浪,并能用安-22和伊尔-76等大中型运输机空运。该车主要装备摩托化部队,用于快速输送步兵,车载步兵可乘车或下车战斗,必要时也可伴随坦克作战。

☆法国VBCI轮式装甲车

20世纪90年代后期,法国曾研制出新型"维克斯特拉"(8×8)装甲车。多数国家的装甲车采用的是钢装甲,而"维克斯特拉"不同,它采用了铝合金装甲。该车战斗全重28吨,乘员4人,主要武器为1门105毫米火炮。为增强装甲防护力,战时可挂装反应装甲。此后,法国开始重点研制能协同"勒克莱尔"主战坦克作战的VBCI(8×8)步兵战车。VBCI步兵战车战斗全重为27吨,车体也采用焊接式铝合金结构,并敷有一层钛合金装甲。该车乘员3人,载员7人,新型单人炮塔上装有1门M811型25毫米机关炮和1挺7.62毫米并列机枪,并装有辅助防御系统和反导红外假目标系统。

法国 VBCI 轮式装甲车

☆ 奥地利潘德装甲车

"潘德"也称"游骑兵",潘德装甲车最早是斯泰尔·戴姆勒—普赫公司于20世纪70年代末根据奥地利陆军对装甲侦察车的需求研制的。

"潘德II"是一种性能优异的作战平台,而且变型能力强,可根据需要加装不同的武器系统以形成多种用途的装甲车辆。特别是其中的8×8车型由于空间和载重能力更大,所以可加装的武器系统能力也更强。

奥地利潘德装甲车

☆ 两栖装甲车辆

两栖装甲车辆是不用舟桥、渡船等辅助设备便能自行通过江河湖海等水障,并在水上进行航行和射击的履带式装甲战斗车辆。两栖装甲车辆最早出现于第一次世界大战结束之后,当时法国和美国首先试验了一种水陆两用坦克。

两栖装甲车辆在水上航行时主要靠

推进螺旋桨推进,有的则靠履带转动划水前进,LVTP-7装甲车则采用了较为先进的喷水推进装置。一般履带划水航行可达5~6.5千米／小时,靠喷水推进器可达13.5千米／小时。

一般水陆两用装甲车辆的装甲都较薄,LVTP-7装甲车的车体干脆就是铝合金焊接结构。要保证良好的浮力,车辆密封性能尤为重要,一般水陆坦克的通气口等均开在车顶部,美国海军陆战队的LVTP-7装甲车在3.5 m高的海浪中,可全车沉没时间为10~15秒钟,可见其浮力储备系数和密闭性能是比较好的。

两栖装甲车

☆ AAV7 两栖突击车

AAV7两栖突击车,是美国陆军根据LVTP-7原型,于1983年改进为AAV7系

AAV7 两栖突击车

列后,在1999年再次改进为第三代AAV7A1RAM/RS车型,目前全世界只有美国、意大利等国使用。AAV7A1型两栖突击车,曾在两次伊拉克战争中大出风头,以超强的机动能力协助美军迅速攻占巴格达,除此还参与过美军陆战队在格林纳达、科索沃及索马里的行动。据称,几乎胜任所有地形作战的AAV7A1RAM/RS两栖突击车,是目前全世界性能最优异的两栖战斗车辆。

☆ LVTP-7 水陆两栖突击车

1972年装备美国海军陆战队,共装备1300多辆。意大利、韩国等近10个国家也使用该车。车体为铝合金装甲焊接结构,机枪塔装1挺机枪。机枪可高平两用,射速为450发／分和1050发／分。水上行驶时,仅靠车尾两侧喷水推进器推进,必要时也可用履带划水。装甲可防小口径武器和弹片。该车的改进型有LVTP7A1两栖装甲突击车。变型车有:AAVR7A1救援车、AAVCA1指挥车。该车参加过海湾战争。

该车战斗全重23.9吨,乘员3人,载员25人,车长7.9 m,车宽3.3 m,最大速度72 km/h,水上行程13.5 km/h,最大行程480 km。

☆美国 EFV 两栖远征战车

在伊拉克战争中,美国海军陆战队仍在使用 1971 年开始服役的 AAV7 系列两栖装甲战车,但随着美国新型 EFV 两栖远征战车的批量生产,AAV 系列战车将逐步被取代。

该战车也是由 3 人驾驶,可以承载 17

美国 EFV 两栖远征战车

名全副武装的海军陆战队队员。两栖远征战车在陆地上的最高时速为 72 千米,在水中的最高时速可以达到 46 千米,是过去两栖突击车的 3 倍。并且,它装备有火力更为强大的 30 毫米口径机关炮和同轴 7.62 毫米口径机关枪。随着该战车的批量生产,不久将会完全取代目前正在服役的 AAV7A1 两栖突击战车。

但是,两栖远征战车作为装甲战车也存在很多局限性。它当初的设计是计划与美国海军陆战队的 M1A1 艾布拉姆斯坦克相配合使用,因此它根本无法抵制像 BMP-2 或法国的 AMX-10 步兵战车的火力,更不用说坦克的袭击(甚至连 100 毫米 T-55 火炮的都不能抵挡)。当然,在保护性能上两栖远征战车与 AAV7A1 两栖突击战车相比还是取得了较大的提升。

导 弹

DAO DAN

☆ 火箭和导弹

导弹是火箭,但火箭不一定是导弹。

什么是火箭呢？依靠火箭发动机推进的飞行器统称为火箭。因为绝大多数导弹是用火箭发动机推进的,所以,导弹称为火箭也是对的。

火箭根据能否对其飞行施加控制而

美国"海长矛"潜潜导弹

该导弹原名"防区外发射反潜导弹",是一种远程反潜导弹。该导弹既可从MK41垂直发射装置中发射,也可从标准的潜艇鱼雷发射管中发射。射程100海里。

以色列"箭-2"反战术弹道导弹

以色列"箭-2"系统是世界上第一个试验性实战部署的高层反战术弹道导弹专用型地空导弹武器系统,也称为"箭-2"战术弹道导弹防御系统,由以色列和美国联合研制,主要用于拦截近、中程战术弹道导弹。该弹长6.3 m,弹径800 mm,重1300 kg,最大射程和拦截高度都是"箭-1"的2倍。图为1997年3月11日进行的"箭-2"第4次发射试验。

分为有控火箭和无控火箭。装带爆炸装药(普通炸药或核装料)的军用有控火箭就叫做导弹。

发射人造卫星和宇宙飞船的火箭是可控制的,那么为什么不称它为导弹呢？因为它们上面携带的不是炸药,不能称其为弹,当然也就不称其为导弹了。

习惯上,人们称无控火箭为火箭,称装有战斗部(爆炸装药)的军用有控火箭为导弹,称发射人造卫星或宇宙飞船的有控火箭为运载火箭。

☆导弹共分多少类

导弹是一种装有弹头、动力装置并能制导的高速飞行武器。它种类繁多,用途各异,目前仅在役导弹就有300多种,其中可供海军使用的导弹就有120多种。

按作战使命分,一般可分为2类:战略导弹和战术导弹。其中,人们习惯把射程2000千米以下的称为战术导弹。

按作战用途分,一般分为14类:地对地、地对空、空对空、空对地、空对舰、舰对地、舰对舰、岸对舰、舰对空、潜对舰、潜对地、潜对空、空对潜、潜对潜。有人也沿用国外常用的Surface一词(即"地球表面"),把上述14类简化为四大类:面对面、面对空、空对面、空对空。

按所攻击的目标分,即不管是从什么

美国"狱火"反坦克导弹

该导弹为激光制导导弹,弹长1.625 m,弹径178 mm,弹重45.7 kg。

俄罗斯米格—31机载导弹

平台发射的,只以弹着点为准。这样,可分为8类:防空导弹、反舰导弹、反潜导弹、反坦克导弹、反辐射导弹、对地攻击导弹、反卫星导弹、反导弹导弹等。

按导弹射程分,一般分为4类:近程导弹(1000千米以内)、中程导弹(1000~3000千米)、远程导弹(3000~8000千米)和洲际导弹(8000千米以上)。

对于空海军所用的战术导弹,在空对空导弹中,可分为:近距格斗导弹(0.3~5千米)、中距导弹(5~30千米)和远距拦截导弹(30~180千米或更远)。

在反舰导弹中,可分为:近程导弹(40千米以下)、中程导弹(40~200千米)

和远程导弹（500千米以上）。

按飞行弹道分，一般可分为两种：弹道导弹和巡航导弹（飞航导弹）。

弹道导弹是一种由火箭发动机推送到一定高度和一定速度后，发动机关闭，弹头沿预定弹道飞向目标的导弹。由于这种导弹靠反作用推力飞行，大多在无空气或空气稀少的高空飞行，因而没有弹翼。巡航导弹是在大气层内飞行的导弹，其外形与飞机相似，靠弹翼和尾翼来产生飞行的升力并保持稳定，因而也称作有翼导弹。

陶式反坦克导弹

美国研制的一种光学跟踪、导线传输指令、车载筒式发射的重型反坦克导弹武器系统。主要用于攻击各种坦克、装甲车辆、碉堡和火炮阵地等硬性目标。在海湾战争中，多国部队共发射了600多枚此导弹，击毁了伊拉克军队450多个装甲目标。导弹采用红外线半主动制导，最大射程为4 km，最小射程为65 m。

法国、德国霍特反坦克导弹

该导弹由法、德两国联合研制。法国将这种导弹装备在轮式装甲车或直升机上，德国则装在美洲豹Ⅲ型履带装甲车上。其最大射程4 km，最小射程75 m，速度75～260 m/s。战斗部重6 kg，装烈性炸药。动力装置为两级固体燃料火箭发动机。制导系统为有线制导或红外自动遥控。全长0.75 m，弹径0.136 m，全重22 kg，破甲厚度700 mm。

中国红箭-9反坦克导弹

红箭-9反坦克导弹武器系统主要用于攻击100～5000 m距离内的敌坦克和其他装甲目标，必要时也可以用来攻击敌钢筋水泥工事和火力点。其作战任务是为军、师级部队提供反坦克作战的骨干火力，与其他反坦克兵器相配合，有效抗击敌装甲目标。

☆ "标枪"反坦克导弹

"标枪"是美国研制的便携式反坦克导弹,不仅用于肩扛发射,也可以安装在轮式或两栖车辆上发射,兼有反直升机能力。是一种实现全自动导引的新型反坦克导弹,具有昼夜作战和发射后不管的能力,射程1000米。全武器系统由导弹和发射装置组成。系统全重22.5千克,弹径114毫米,弹长957毫米,弹重11.8千克,串联战斗部以顶攻击方式攻击目标,垂直破钢甲750毫米,图像红外寻制导,采用两级固体推进器。

标枪反坦克导弹

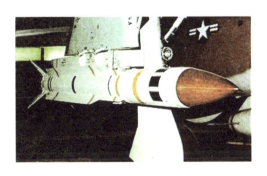

美国哈姆高速反辐射导弹

该导弹是一种空对地反辐射导弹,主要用于摧毁地面或舰上防空武器系统。主要装备在F-4、A-6、A-7、F-111、F-16、F/A-18和B-52等飞机上。1986年美国对利比亚的战争中使用了该导弹。其射程大于20 km,速度4.828 km/h。弹长4.17 m,弹径250 mm,制导方式为被动雷达寻的,比例导引,破片杀伤战斗部。

美国"响尾蛇"空空导弹

"响尾蛇"导弹代号AIM-9是美国研制的世界上第1种被动式红外制导空空导弹,有10多种不同的型号。图中为MIM-9L。其射程为18.53 km,速度230.61 km/h。具有全向攻击、近距格斗能力。弹长2.87 m,弹径127 mm。曾被人们称为"超级响尾蛇"。

☆"不死鸟"空空导弹

"不死鸟"AIM-54A 曾经是西方国家装备部队的重量最大、射程最远的空对空导弹之一。该弹于1962年开始研制，1972年装备部队，1980年停产。它主要配挂在美国海军的舰载机 F-14"雄猫"飞机上，一次可挂6枚。F-14的机载雷达具有制导多枚空对空导弹攻击多个目标的能力。该机曾在试验中用6枚"不死鸟"击落不同方向、不同高度的6个目标，从而震惊了世界。该弹的一大特点是可以采用多种制导方式攻击目标。在拦截目标的过程中，它可根据不同情况，采取主动雷达制导、半主动雷达制导以及干扰源寻的等制导方式。

"不死鸟"导弹的弹头处装有一部主动雷达，这种弹上雷达的探测距离可达18 km左右。AIM-54A是一种大型空对空导弹，能使用它的飞机不多，该弹长3.96 m，弹径0.381 m，翼展0.914 m，发射重量443 kg，战斗全重60.3 kg，射程150 km左右，允许发射过载3～4 g，单轴最大过载17～22 g，最大跟综角约15°。

☆美国 AIM120 阿姆拉姆空空导弹

阿姆拉姆空空导弹是美国研制并装备使用的第4代先进中距空空导弹，也是当今世界上最先进入现役的、具有发射后不管和多目标攻击能力的中距空空导弹。1991年首先进入美国空军服役，1993年进入美国海军服役，并向国外大量出口。

1991年9月，AIM-120A就已经开始装备美国空军的F-15重型战斗机，翌年2月又装备在F-16战斗机上。美国海军的F/A-18"大黄蜂"则在1993年10月首次换装这种先进空对空导弹。1992年12月，AIM-120取得了服役以来的首次战果，击落了伊拉克空军的一架米格-25"狐蝠"战斗机。此后，又相继在伊拉克和南斯拉夫战争中取得多次战果。

美国 AIM120 阿姆拉姆导弹

☆美国海尔法空地导弹

海尔法导弹是美国罗克韦尔公司研制的一种直升机发射的近程空对地导弹,主要用来攻击坦克,但也用于攻击地面其他小型目标。目前已发展成包括多种型号具有多种作战功能的导弹家族。

AGM-114A是基本型,使用半主动激光导引头,装备美国陆军;AGM-114B具有半主动激光、射频/红外和红外成像三种导引头选择,采用低烟火箭发动机并装有引信保险备炸装置,在尺寸、质量上比基本型略长略大。其中红外成像导引型

装爆破杀伤战斗部,装备美国海军陆战队;C型与B型基本相同,只是没有引信保险备炸装置;AGM-114F装串列装药战斗部,较基本型更长、质量更大。

英国"海狼"导弹

英国海军最新一级护卫舰-23型,装备了"海狼"对空导弹的垂直发射装置,位于前主炮和舰桥之间。

美国海尔法空地导弹

☆美国AGM-65"小牛"空地导弹

"小牛"空对地导弹（AGM-65Maverick）是由美国休斯公司和雷锡恩公司研制的一种防区外发射的空地导弹武器,它可精确打击点状目标。

在海湾战争中,多国部队的A-6、A-10、AV-8B、F-16、F-4G、F/A-18等飞机共发射了5000多枚"小牛"式空对地导弹,发射成功率约为80%~90%,取得较

好的战果。共摧毁1000辆坦克、2000辆其他车辆、1300门火炮。其中F-16战斗机发射了450枚"小牛"式导弹,击毁伊军360辆以上的装甲车。在发射的全部"小牛"式空对地导弹中,有2/3是红外成像制导型的AGM-65D,有30%是电视制导型的AGM-65B。用于打坦克的通常是红外成像制导型的AGM-65D,这种导弹的单价仅7万美元,而伊军的T-72坦克价值150万美元。一枚导弹换一辆坦克,这是使用灵巧武器影响大、经济效果好的范例。

该弹有7种改型,分别为"小牛"A型、B型、C型、D型、E型、F型、G型,其代号为AGM-65。该弹的弹体为圆柱型,4个三角形弹翼与舵呈X型配置,动力装置为双推力单级固体火箭发动机,弹长2.64 m,射程24 km,巡航速度略超过音速。

☆导弹有哪些制导方式

导弹实际上就是一种无人驾驶的飞行器,制导系统就好比人的大脑和眼睛,引导导弹准确地寻找和攻击目标。导弹的制导系统有许多类型,一般按目标的运动特点和制导距离的远近,可分为两大类攻击静止面目标的远程制导系统、攻击运动点目标的近程制导系统。

按制导系统在导弹飞行全程中的作用,可分为初制导、中制导和末制导三大类。初制导主要用于弹道初始段,当导弹从发射起飞转入巡航飞行时,保证其进入预定的空域;中制导的作用是使导弹在飞行弹道中段保持正确的航向和飞行姿态;末制导用于飞行弹道末段,以保证导弹准确击中目标。

红俄罗斯KH—29(AS—14)TE近程空地导弹

该弹弹长4.35 m,发射重量680 kg,弹头重317 kg,最大射程10 km。

按控制信号的来源和产生方式可分为四大类:自主式、遥控式、寻的式和复合式。

红外制导导弹,其作用过程如下:

导弹发射后,尾翼打开,当飞到弹道末段时,红外导引头和制导系统开始工作。此时红外导引头的红外敏感元件不时地测出目标热辐射点而对准目标,同时制导系统启动侧向推力火箭修正炮弹飞行轨迹,最终准确命中坦克或装甲车辆。

☆地地战术导弹

地地战术导弹是战术导弹家族中的一位重要成员。战术导弹与战略导弹的主要区别就是战术导弹的射程比战略导弹的射程近,攻击的目标比战略导弹要小。战术导弹主要用于攻击对方的战役战术目标。如敌军的炮兵阵地、机场、港口、交通枢纽、指挥所、坦克、舰艇、飞机、雷达等目标。

地地战术导弹是一种从地面发射、攻击对方地面目标、射程在1000千米以内的导弹。地地战术导弹的组成与导弹的构成

基本一致,但它采用的是自主式制导系统或末制导系统。在海湾战争中,地地战术导弹就显示了令人瞩目的重要作用,无论是美国的"陆军战术导弹",还是伊拉克的"飞毛腿"、"侯赛因"、"阿巴斯"导弹,都让人刮目相看。

随着科学技术的迅速发展,现代战争对地地战术导弹的要求也越来越高,为了提高地地战术导弹的性能,新一代地地战术导弹要在改进、研制和完善制导系统的技术和方法上下工夫,不断提高地地战术导弹的命中精度和杀伤威力。

印度"普里特维"SS-150地地战术导弹

该导弹为印度自行研制的一种作战能力较强的地对地战术导弹。其射程150 km,命中精度大约30 m。

中国东风11地地战术导弹

101

☆战略导弹

战略导弹是一种主要的导弹核武器。飞行距离一般在8000千米以上,核弹头当量一般为5万至10万吨。用于打击对方战略目标,如对方的政治经济中心、军事和工业基地、核武器库、交通枢纽,有时也用于拦截敌方的战略弹道导弹等重要目标。战略导弹,一方面是衡量一个国家战略核力量的重要尺度,另一方面也是一个国家军事科学技术综合发展能力的主要标志。

战略导弹的类型也很多。按发射点与目标位置的关系,可分为地地战略导弹、潜地战略导弹、舰地战略导弹、空地战略导弹等;按作战使命,又可分为进攻性战略导弹、防御性战略导弹;按飞行弹道,可分为战略弹道导弹和战略巡航导弹;按射程,也可分为中程战略导弹、远程战略导弹、洲际战略导弹。另外,不同类型的战略导弹,它的发射装置、控制设备、发射方式也有所不同。如地地战略导弹采用的发射方式有热发射、冷发射、地面固定发射、机动发射等;潜地战略导弹是装载在潜艇上,采用的发射方式是从水下进行的冷发射;战略巡航导弹,如果该导弹安装在地面,发射方式可采用冷发射或热发射,如果该导弹安装在舰艇或潜艇上就要采取冷发射,如果安装在飞机上,就要采用投放发射方式。

☆洲际弹道导弹

洲际弹道导弹是一种长程弹道导弹(通常射程在5500千米以上),设计用途为投递1枚或多枚的核弹头。该种导弹的威力强大,常被设想成导致世界末日的核战争中使用的武器。世界上试射成功的第1枚洲际弹道导弹是前苏联的Р-7导弹。这枚导弹于1957年8月21日从位于加盟共和国哈萨克斯坦的拜科努尔航天发射场试射成功,飞行了6000千米。

中国东风41型洲际弹道导弹

俄罗斯SS20"军刀"战略弹道导弹

☆ "白杨-M"导弹

俄罗斯"白杨-M"导弹是一种由三级固体燃料火箭推动的洲际弹道导弹,可携带多枚导弹头,射程达1万千米,发射重量47吨,能投掷总重1.2吨的弹头。"白杨-M"导弹飞行速度快,并能作变轨机动飞行,因而具有很强的突防能力。

"白杨-M"导弹有一个最大的优点:其不仅可以在最短的时间内改装成多弹头的导弹,而且其分弹头还可以单独制导,这

"白杨-M"导弹

"白杨SS25"导弹发射车队

对于在距离打击目标100千米处分离的弹头抗击敌方的干扰信号相当有益。此外,弹头的分离还是在战斗部每30~40秒自动更换飞行参数的情况下进行的,因此,敌方的反导系统不仅来不及确定弹头的分离点,也根本无法判定战斗部本身的飞行参数。

☆ 巡航导弹

巡航导弹是一种装载弹药的飞行器,有点像无人驾驶飞机,它是依靠喷气发动机的推力和弹翼的气动升力,以巡航状态在稠密大气层内飞行。也称飞航式导弹。

巡航导弹有战略巡航导弹和战术巡航导弹2种。战术巡航导弹飞行的距离比较近,一般为几十千米或几百千米,弹头一般为普通炸药,如反舰导弹和战术空地导弹等。而战略巡航导弹多带有核弹头,射程较远,一般在1000千米以上,主要用于打击战略目标。我们常说的"巡航导弹",一般指的是战略巡航导弹。

中国远程巡航导弹研制开始于20世纪70年代末,1992年开始试行装备以X-600技术验证弹为原型,经过重大改进的

"红鸟1号"巡航导弹。"红鸟"是中国最先进的全天候、亚音速、多用途巡航导弹,有很强的低空突防能力。据称,其命中精度可达到在1000千米以内误差不超过5米。

"战斧"巡航导弹

中国"红鸟"巡航导弹

☆"战斧"式巡航导弹

"战斧"式巡航导弹是美国最先进的全天候亚音速多用途巡航导弹,1983年装备部队,主要有3个型号,即陆上发射巡航导弹、空中发射巡航导弹和海上发射巡航导弹。海上发射型"战斧"巡航导弹长6.24米,直径0.527米,翼展2.62米,发射时重量(包括250千克的推进器)为1452千克。因发射的母体不同,发射方式也不同,舰艇上用的是箱式发射器,或垂直发射器,而在潜艇

上既可用鱼雷发射管发射,也可用垂直发射器发射。

该巡航导弹在航行中,采用惯性制导加地形匹配或GPS修正制导,射程在450~2500千米,飞行时速约800千米,其命中精度达到2000千米以内误差不超过10米的程度,而且飞行高度较低,海上为7~15米,陆上平坦地区为60米以下,山地150米,具有很强的低空突防能力。更新型的战术战斧巡航导弹精确误差在3米以内,飞行中可按指令改变方向,到达战场上空后能盘旋待机2小时。美国在1991年海湾战争中首次使用"战斧"巡航导弹,此后又在多次战争中使用。

AGM—86C"战斧"巡航导弹

☆布拉莫斯超音速巡航导弹

布拉莫斯超音速巡航导弹由俄罗斯－印度联合企业布拉莫斯公司负责研制，其超音速巡航时速高达5000千米，即使运用当前最新式的海上导弹防御系统拦截，都会极端困难。而导弹飞行的高度低于50～60千米时才会被导弹防御系统发现，这样一来，可以有效地把拦截时间减少到30～40秒，甚至更少。这款布拉莫斯公司的新产品将会应用于武装潜水艇、海上巡洋舰、岸边导弹炮台以及军用飞机。

布拉莫斯超音速巡航导弹

☆俄制 SS-N-22 "白蛉" 超音速反舰导弹

白蛉是一种昆虫。它个头儿比蚊子小，黄色或灰色的身体上长着许多细毛，像蚊子似的会吸食人畜之血，但人们并不怕它。然而，当它要是变成了一种导弹后，就连美军的大航母也要惧怕它三分。它就是俄罗斯研发的"白蛉"反舰导弹。"白蛉"，俄罗斯编号为3M-80，北约给它编号为SS-N-22，另名"日炙"。

"白蛉"是一种超音速低空自寻的巡航导弹。"白蛉"是世界上独一无二的导弹，它在低空的飞行速度达 3.22 km/h。在研制这种导弹时采用了 30 多种发明和科学发现。比如，在"白蛉"导弹身上冲压式巡航发动机首次与类似于套蛙的发射

"白蛉"超音速反舰导弹

装置组合到了一起。

被攻击目标要想躲避"白蛉"导弹的

攻击是非常困难的。当敌人发现导弹时，导弹距被攻击目标只剩下3～4秒钟的飞行时间。"白蛉"通过巨大的动能击穿任何舰艇的舰体，并在舰体内引爆。这种突击不仅能够击沉中型舰艇，而且还能够击沉巡洋舰。而15～17枚"白蛉"导弹就可以击沉整个舰艇编队。"白蛉"是世界上最出色的反舰导弹。

"白蛉"反舰导弹长9.385 m,弹翼折叠时翼展为1.3 m,打开时为2.1 m。导弹发射重量3950 kg,爆破战斗部重300 kg,其中150 kg为高能爆炸装药,有效射击距离为10～120 km,巡航速度2972 km/h。

☆中国C301超音速反舰导弹

C301导弹是我国研制的一种新型反舰武器,采用超低空、超音速飞行,因而具有很强的突防能力,是20世纪90年代海岸防御,攻击驱逐舰以上大中型水面舰艇,保卫海港、要塞、封锁海湾和抗登陆等的先进武器。

由于它以3.22千米／小时的速度在100～300米高度巡航,弹道末段为超低空掠海飞行,有效地缩小了敌舰防御时间和拦截空域,所以使敌舰防不胜防。它射程可达130千米,具有世界先进水平,从而能突袭远距离的大中型舰艇。其末制导雷达为单脉冲体制,故具有抗海浪、抗多种电子干扰的功能。可全天候使用。它的战斗部为高能装药聚能爆破型,战斗部重512千克,命中一发可击沉一艘驱逐舰和重创一艘巡洋舰。

C301导弹武器系统由导弹、火控系统和地面设备组成,基本火力配备单元为:8～12枚导弹由8～12辆车运载,4辆牵引车牵引4台半挂式发射架,一辆火控车,1部探测跟踪雷达,1辆电源车等。

C301导弹射程可增至180千米,还能改装为超音速舰对舰导弹、攻击地面目标的飞航导弹。

C301超音速反舰导弹

☆ "爱国者"地空导弹

日本自卫队列装的PAC-2型防空导弹

"爱国者"地空导弹属美国第四代导弹,1980年服役,在1991年的海湾战争中首次实战应用,并多次成功地拦截伊拉克的"飞毛腿"导弹。

该导弹具有全天候、全空域、多用途的作战能力,其主要特点是反应速度快、飞行速度快、制导精度高、抗干扰能力强、系统可靠性好,可同时对付5～8个目标。主要用于野战防空,对付各种高性能飞机,拦截巡航导弹、战术弹道导弹等。

导弹弹长5.31米,弹径0.41米,弹重1吨,最大飞行时速7344千米,作战半径3～100千米,作战高度0.3～24千米。发射方式为四联装箱式倾斜发射,每个火力系统单元以连为单位,每连有5～8辆发射车和4部雷达车、指控车、电源车及天线车,以及20～32枚待发导弹。

☆ "卡什坦"弹炮合一防空系统

20世纪70年代中期,反舰导弹的威胁越来越大,世界各国海军都在寻求对策。前苏联捷足先登地搞起了"卡什坦"弹炮合一防空系统,1981年研制成功。"卡什坦"系统中的主力就是8枚SA－N－11近程防空导弹。

SA－N－11导弹由加长杆战斗部和两级火箭发动机组成,导弹的直径小,拦截速度快。加长杆战斗部的特点是作战效能

"卡什坦"弹炮合一防空系统

与战斗部的长度成正比,与战斗部的直径成反比,这种战斗部具有定向性,可有效地切割并摧毁目标。据称,其效能是普通破片杀伤战斗部的2倍。战斗部的跟踪雷达采用毫米波技术,解决了对掠海目标跟踪时出现的镜像干扰和海杂波干扰现象。SA-N-11防空导弹备弹多达32枚,是与小口径速射炮形成弹炮合一的理想搭档。2门6管AK-630型舰炮可在2500米范围内形成密集弹幕,使目标无法通过,而SA-N-11导弹可以在8000米距离内有效拦截目标。

☆美国密集阵舰载近防系统

"密集阵"是目前世界上最先进的能实行自动搜索、探测、评估、跟踪和攻击目标的近程防御武器系统,它采用搜索雷达、跟踪雷达和火炮三位一体的结构,其全部作战功能由高速计算机控制自动完成,不需人工操作,反应速度极快,跟踪距离为10千米。

美国霍克防空导弹系统

霍克导弹是美国雷锡恩公司研制的一种全天候中程防空导弹。这种导弹以火力控制强、杀伤力大、射程远、可靠性高、抗干扰性能强和具有反导能力等优势,装备美国陆军和海军陆战队。主要执行国土防空和野战防空任务。能拦截中、低空来袭的飞机及战术导弹和巡航式导弹。上图为美国的霍克防空导弹武器系统。

美国密集阵舰载近防系统

舰　船

JIAN CHUAN

☆军舰的类别、种别和级别

军舰通常分为两大类,一类是战斗舰艇,另一类是勤务舰船。在同类舰艇中,根据其基本使命和执行的任务,可以划分成不同的舰种,如战斗舰艇可分成航空母舰、战列舰、巡洋舰、驱逐舰、护卫舰、潜艇等;勤务舰船又可分成修理舰船、补给舰船、救生舰船等。而在同类舰艇中,根据其排水量、性能和武器装备又可划分为不同的级别,此级别下每艘舰有不同的舰名(号),而以同级舰艇中第一艘服役舰的舰名作为该级舰的级名。如"尼米兹"级航空母舰计划建造10艘,分别有尼米兹号、林肯号、里根号等不同的舰名,而以第一艘舰的舰名尼米兹号为级名,均为"尼米兹"级航空母舰。

中国041型(元级)常规潜艇

这是中国继039"宋"级潜艇后自行建造的第一种攻击潜艇,首艇于2004年服役。水面排水量1900～2000吨,水下排水量2500～2600吨。

☆潜艇的分类

按动力推进方式,可分为核动力潜艇和常规动力潜艇。核动力潜艇在艇上设有堆舱,舱内有核反应堆、热交换器等,同时还设有主机舱,内有带传动装置的蒸汽轮机等。由原子核裂变产生的热能,经热交换器和蒸汽轮机转换为动能,带动螺旋桨推动潜艇航行。常规动力潜艇一般采用柴油机、电动机推进。在水下潜航时用蓄电池和电动机推进,在水面或通气管状态航

美国肯塔基号核潜艇

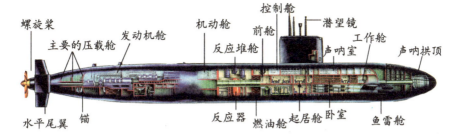

螺旋桨　主要的压载舱　发动机舱　机动舱　前舱　控制舱　潜望镜　工作舱　声呐拱顶
反应堆舱　声呐室
水平尾翼　锚　反应器　燃油舱　起居舱　卧室　鱼雷舱

美国的核潜艇

　　各国核潜艇的外形都差不多,上图所示是美国的核潜艇。所有的现代潜艇中都没有浪费的空间,洗衣房、浴室、卧室、厨房、食堂和各种操作舱都在里面。

行时,用柴油机推进,同时带动发电机给蓄电池充电。

　　按任务和武器装备情况,可分为弹道导弹核潜艇、攻击型核潜艇和常规潜艇。弹道导弹核潜艇是以远程弹道导弹为主要攻击武器,并配有鱼雷等自卫武器的一种战略潜艇,主要装备国是美、苏、英、法。攻击型核潜艇是以鱼雷、导弹为主要攻击武器的潜艇,它包括装巡航导弹、各种飞航导弹的核潜艇。其主要任务是实施战役战术攻击和作战。常规潜艇和攻击型核潜艇作战任务等基本相同,主要区别有两点:一是动力不同,二是以执行战术任务为主。此外,还有雷达哨潜艇、布雷潜艇、侦察潜艇、运输潜艇等辅助潜艇。

☆潜艇的主要特点

　　首先是隐蔽性好,在茫茫大海中,一旦潜入水下航行,雷达和光学仪器等都无法进行探测,仅靠水声和一些非声探测设备很难发现潜艇的行踪;其次是续航力大,一般大型常规潜艇,水面状态续航力可达2～3万海里,水下中速航行时速可达80～100海里,通气管状态可达1.2～1.5万海里。核潜艇基本全部在水下航行,续航力均在10万海里以上。核潜艇一次装满油、水、食品等补给品之后,一次可在水下连续航行60～90昼夜;第三是突击威力大,装备弹道导弹、巡航导弹、反潜导弹、防

俄罗斯"德尔塔"级核潜艇

111

空导弹和鱼、水雷武器之后,潜艇能在海洋上攻击世界上任何一块陆地,能对舰艇、飞机和潜艇发起攻击,并能进行布雷作业。

法国"不屈"级导弹核潜艇

　　是法国建造的战略导弹核潜艇。首艇于1964年开工建造,1971年服役,1991年退役。该级共建造了6艘,分别为"可畏"号、"霹雳"号、"可怖"号、"无敌"号、"雷鸣"号和"不屈"号。

☆ 弹道导弹潜艇

　　弹道导弹潜艇是以洲际弹道导弹为主要武器的潜艇,又称为战略潜艇或战略导弹潜艇。弹道导弹潜艇除前苏联第一代潜艇外,其余均为核动力推进。目前,世界上共有150余艘弹道导弹潜艇,前苏联最

俄罗斯"台风"级弹道导弹核潜艇

多,其次是美、英、法三国。

　　弹道导弹潜艇排水量一般为6000～30000吨,载弹量为16～24枚,射程达8000～11000千米,水下续航力无限。弹道导弹潜艇归海军建制和指挥,但战略性设防、部署和导弹发射的批准权限在国家最高指挥当局。弹道导弹潜艇与陆基洲际弹道导弹和战略轰炸机一起构成国家三位一体的战略核力量。因此,平时主要游弋于水下,对敌实施战略核威慑;战时,作为高存力的核反击力量,负责摧毁敌岸基战略目标,政治经济高度集中的大中城市,主要交通枢纽和通信设施,大型军事基地和港口等重要目标。

俄罗斯"台风"级弹道导弹核潜艇

　　俄罗斯"台风"级弹道导弹核潜艇是世界最大的潜艇。该级艇首艇于1984年服役,其水上排水量18500吨,水下排水量26500吨,艇长171.5 m,艇宽24.6 m,水下航速高达27节,潜深可达1000 m。该级艇的20个SS—N—20导弹发射装置分两列布置在艇塔后侧。艇首配有2座可发射SS—N—15导弹的533 mm鱼雷发射装置和4座可发射SS—N—16导弹的650 mm鱼雷发射装置。

☆现代常规潜艇

潜艇是一种潜于水下进行活动并执行作战任务的战斗舰艇。常规潜艇是指在水面或通气管状态航行时采用柴油机推进，在水下航行时则以蓄电池和电动机推进的一种舰艇。常规潜艇的主要任务是攻击敌水面舰艇，特别是大中型水面舰艇；攻击敌潜艇并实施反潜作战；破坏敌海上交通线；实施布雷，进行海上封锁及担负侦察、监视、运输和救援等。目前，世界上有近40个国家拥有常规潜艇，现役总数约750艘。其中，仅俄罗斯就有150艘。能够自行设计和制造常规潜艇的国家主要是俄罗斯、美国、瑞典、意大利、日本、英国、法国、德国等近10个国家。

德国206级常规潜艇

☆现代导弹护卫舰

是一种能够在远洋机动作战的中型舰艇，满载排水量一般为2000～4000吨，个别已达4900吨，航速30～35节，续航力4000～7500海里。主要武器是导弹、鱼雷、火炮等，一般均可携1～2架反潜直升机。根据武器配备情况及所执行任务的不同，

瑞典"哥特兰"级常规潜艇

哥特兰级1990年开始设计，首艇于1992年11月20日开工建造。1995年2月2日"哥特兰"号的下水，标志着战后常规动力潜艇技术取得了具有历史意义的突破性进展。它是世界上第一批装备了不依赖空气推进系统AIP的常规潜艇。

美国"奥利弗－佩里"级导弹护卫舰

护卫舰可分为多种类型,如防空型、反潜型、反舰型等。目前世界上最大的护卫舰是英国的22型"大刀"级护卫舰的第3批舰,达4900吨,比一般驱逐舰还要大。"大刀"级装有8枚"鱼叉"反舰导弹、1座115毫米主炮、4座30毫米防空炮和1套"守门员"近防武器系统。此外,还装有2座六联装"海狼"舰空导弹发射装置、2座三联装反潜鱼雷发射管和2架"海王"反潜直升机。

英国"公爵"级护卫舰

英国"公爵"级护卫舰装备的电子战设备世界一流,被公认为是世界上最先进的护卫舰。满载排水量4200吨,最高航速28节,续航力7000海里,装备有"海狼"导弹垂直发射装置。

☆ 维斯比护卫舰

维斯比护卫舰是世界上第一个按照全隐形规范由碳纤维制造的战舰,这使其极难被敌方侦测到,即使是使用最新、最尖端的雷达和红外监视装备也不例外,加之其所具有的多用途能力以及先进的隐身技术,维斯比护卫舰不愧是真正的未来战舰。

"维斯比"级导弹快艇兼具反舰、反潜和水雷作战能力,火力强大。艇上的57毫米MK3单管炮是"博福斯"57毫米MK2的改进型。使用时,炮管可伸出。收藏时,炮身呈俯角状。炮塔的前部锐角保证了炮身的收容空间。专为该炮研制的炮弹是很独特的,称为3P弹(预制破片弹、可编程、近炸引信)。这是一种能够预先输入目标到达时间并在最佳地点爆炸的炮

"维斯比"是隐形导弹快艇。因为满载排水量达620吨,所以有人把它划入导弹护卫舰之列。"维斯比"的隐形设计别具特色。它的艇体、上层建筑和武器系统都注意采用隐形技术。上层建筑采用碳纤维强化塑料和雷达吸波材料制造。武器系统隐藏在艇体内,外面什么武器也看不到。

弹,齐射时能错开爆炸时间。由于数据的输入可在瞬间进行,因而能够在反应的时间交战。炮弹射速为220发／分。RBS-15MK2反舰导弹,这是射程80千米的RBS-14MK1导弹的改进型。在57毫米炮前面甲板下,还以埋入的方式安装有127毫米反潜迫击炮。

鱼雷发射管为有线制导方式的400毫米和533毫米反潜鱼雷发射管,还准备装备反水雷战的一次性遥控艇和可变深度的声纳。

☆ 巡洋舰

巡洋舰是一种用于远洋作战的大型水面舰艇,其主要特点是航速高、武器装备火力强和兼有多种作战能力。巡洋舰的主要作战用途是在航空母舰编队中担负防空、反潜和攻击敌水面舰艇的任务;以导弹巡洋舰为核心,导弹驱逐舰和护卫舰作为护卫兵力组成编队,在重要海区和航道

俄罗斯"光荣"级"瓦良格"号新型导弹巡洋舰

意大利"维内托"级导弹巡洋舰

该级舰仅建一艘,但在直升机巡洋舰发展史上占有重要地位。从此,直升机巡洋舰朝"通长甲板"式的方向发展。该舰1969年服役,1980～1983年进行现代化改装。该舰满载排水量8850吨,舰长179.6 m,舰宽19.4 m,航速32节,续航力5000海里。编制550人。可载9架直升机,装有十分先进的导弹制导雷达和新式导航雷达。有4座舰舰导弹发射装置,2座舰空导弹发射装置,2座三联装反潜鱼雷发射装置和14座火炮。

执行警戒巡逻和作战任务;为己方突击兵力、运输船队或登陆部队护航;掩护部队登陆,攻击敌沿岸海军基地、港口和其他军事目标或与陆地部队配合对己方沿海部队实施火力支援。

巡洋舰按其排水量大小和武器装备配备的强弱可分为重巡洋舰和轻巡洋舰;如按武器装备,可分为火炮巡洋舰和导弹巡洋舰;按动力区分,可分为常规动力导弹巡洋舰和核动力导弹巡洋舰。重巡洋舰的排水量一般大于1万吨,舰炮口径在155～203毫米之间,轻巡洋舰排水量小于1万吨,舰炮口径小于155毫米。

☆ 驱 逐 舰

早先，驱逐舰只是海军舰队中的辅助力量，舰上的武器以鱼雷、舰炮为主。后来在实战中不断改进，驱逐舰的躯体不断扩大，越来越多的武器被安装在舰上，使它能用多种武器打击目标。到1939年，世界上出现了防空驱逐舰。再后来，驱逐舰又担负起布雷、巡逻、护航、登陆支援、反潜等任务。现代驱逐舰担负的任务更多，自从导弹装备到舰上后，它又能打击远距离的重大目标。驱逐舰不愧是海战中的"多面手"。

世界上最早的驱逐舰是英国在1893年制造的"哈沃克"号和"霍内特"号，

英国42型"曼彻斯特"号驱逐舰

排水量240吨，航速27节，以鱼雷为主要武器。第一艘导弹驱逐舰是美国在1953年制造的"米切尔"号，满载排水量5200吨，装备"鞑靼人"舰空导弹。中国于20世纪70年代初，制造了第一艘导弹驱逐舰。

☆ "阿利·伯克"级"宙斯盾"导弹驱逐舰

"阿利·伯克"级是美国海军现役和正在建造中的最新一级"宙斯盾"导弹驱逐舰。该级舰共计划建造57艘。主承包商为巴斯钢铁公司和利顿公司英格尔斯造船厂。"阿利·伯克"级分成几批建造，DDG-51I批首舰"阿利·伯克"号于1988年12月开工建造，1991年7月4日建成服役，共建造21艘。

"阿利·伯克"级是美国继"提康德罗加"级巡洋舰之后第二种装备"宙斯盾"系统的水面战舰。该系统可连续有效地同

"阿利·伯克"级希金斯号驱逐舰

该舰1993年订购，由巴斯钢铁集团建造，1996年11月14日开工，1997年10月4日下水，1999年4月24日服役，装备在美国海军，母港在圣选戈。

116

时搜索、识别和跟踪数百个400千米以外的目标，并能迅速地将目标战术态势显示在屏幕上。该系统还能将全部数据传递到编队中的其他舰上。

☆ 两栖攻击舰

两栖攻击舰是一种用于运载登陆兵、武器装备、物资车辆、直升机等进行登陆的两栖作战舰艇，是20世纪50年代以后发展起来的一个新舰种，主要分攻击型两栖直升机母舰和通用两栖攻击舰两大类。

攻击型两栖直升机母舰，亦称直升机

"塔拉瓦"级两栖攻击舰

除"硫磺岛"级外，还有一级当时世界上最大的通用型两栖攻击舰"塔拉瓦"级，它于1971~1980年服役，共建5艘，是一种综合多用途大型两栖舰艇，具有两栖攻击舰、船坞登陆舰和登陆运输舰的各种功能。该舰吨位很大，和一艘中型航空母舰差不多，其满载排水量39300吨，舰长250 m，宽32 m，航速24节，可载登陆兵1703人或装甲人员登陆车45辆，可起降9架CH-53D、12架CH-46D/E和6架Av-8B直升机或垂直起降飞机。

美国"黄蜂"级两栖攻击舰

该级舰是美国最新的一级两栖攻击舰，首舰"黄蜂"号于1989年服役。其满载排水量为40532吨，舰长250 m，舰宽32.3 m，吃水8 m，航速23节，编制1080人。装备2座8联装MK25"北约海麻雀"导弹、3座MK16"密集阵"近距离武器系统。可载30架直升机和6-8架AV-8B，或20架AV-8B和4-8架SH-60B飞机。该级舰还设有一个拥有600张床位、6个手术室的医院。

登陆运输舰或直升机母舰，是一种排水量在万吨以上的大型水面舰艇，设有高干舷和岛式上层建筑及通长式飞行甲板，能携载20余架直升机或垂直/短距起降飞机，可装载登陆车辆及物资。置于机库和车库中的直升机和车辆，可由升降机转运至飞行甲板，再由直升机进行吊运。这种舰艇的最大特点就是使用直升机输送登陆兵、车辆或物资进行快速垂直登陆，在敌纵深地带开辟登陆场，以实现现代登陆作战的突然性、快速性和机动性。美国海军1961~1970年在役的7艘"硫磺岛"级是较典型的攻击型两栖直升机母舰，其满载排水量18000吨,舰员686人,可运载兵员1746人和1500吨燃料,可携20架CH-46D/E型直升机,还可载4架Av-8B"鹞"式垂直／短距起降飞机。

☆美国HSV高速运输舰

2004年3月,一年一度的韩美联合军演中,美军的高速支援舰在短短1个多小时内把几百名美军士兵和其装备的"斯特赖克"装甲车从位于日本冲绳的军事基地运到了韩国海岸,完成这一火速支援任务的是美军的高速支援舰——"合资企业"号,由于部署在美军驻日海军基地供美第三海军陆战队使用,该舰有了个贴切的绰号——"西太平洋快车"。

2001~2002年,美陆军先后向因凯特公司租赁了2艘高速双体船——HSV-X1"合资企业"号和TSV-1X"先锋"号。因凯特公司多年来一直致力于高速双体船的开发,占世界高速船市场份额近40%,具有十分成熟的技术。

☆中国"福池"级补给舰

该舰于2002年动工,2003年3月下水,2004年开始服役。该级舰有横向液货补给站、干货补给站和纵向液货补给站,可以边航行边为多艘舰艇补给油水和主副食品,而且该级舰可搭载直升机进行垂直补给。该级舰有4个自动灭火站和一套自动喷淋装置,拥有摄像监控系统和先进的污物、污水处理设备。

"福池"级补给舰"千岛湖"号

☆猎雷舰艇

猎雷舰艇是在水雷引信抗扫性能不断提高的情况下发展起来的新型舰种。满载排水量100～1000吨，船体多为木质或玻璃钢结构，有良好的低磁、低噪声和抗冲击性能。装有高分辨力探雷声纳、磁探仪、水下电视摄像系统、遥控灭雷具等。猎雷时，首先使用探雷声纳发现水雷，然后使用遥控灭雷具将炸药包投放至水雷附近，再由舰上自动控制装置遥控引爆炸药包以摧毁水雷。由于猎雷舰只能逐个搜索和消灭水雷，因此猎雷不能完全代替常规的扫雷方法。

"三伙伴"级猎雷舰

由法国、比利时、荷兰联合研制。它是全世界最先进的反水雷舰艇，舰身材料是玻璃钢单层结构。首舰于1983年服役，装备有法国制造的遥控潜水式猎雷具及机械扫雷装置。

☆破 雷 舰

破雷舰又称"雷区突破舰"，靠舰体碰撞或装备的特种设备所产生的强烈磁、声、水压等物理场引爆水雷的反水雷军舰。用于无反水雷舰艇时的开辟通道或检查已清扫过雷区航道。排水量数千至上万吨，船体内分隔成许多水密隔舱，并在空舱内充填漂浮物质，以提高舰艇抗沉能力。两次世界大战中多用运输船改装而成，目前各国海军已无正式服役的破雷舰。

德国"福兰金萨"级猎雷舰

☆登 陆 艇

登陆艇,按排水量分小型、中型和大型。小型登陆艇满载排水量20吨,装载30余名登陆兵或3吨左右物资。中型登陆艇满载排水量50~100吨,装载坦克1辆或登陆兵200名或物资数十吨。大型登陆艇满载排水量200~500吨,装载坦克3~5辆或登陆兵数百名,或物资100~300吨。第二次世界大战前,出现了多种型号登陆艇。大战中,美、英、日等国建造登陆艇约10万艘。20世纪70年代出现的气垫登陆艇,是专门用于抢滩登陆的全垫升气垫艇。气垫登陆艇速度高,可以避开重点设防区域,在舰船不能航行的海域突然实施登陆行动;不易触发水雷,能越过一般抗登陆障碍,因此,是一种很有发展的两栖登陆舰艇。

美国装备的 LCAC 登陆艇

☆登 陆 舰

登陆舰分大型和中型两类。大型登陆舰满载排水量2000~10000吨,装载坦克10~20辆和登陆兵数百名。中型登陆

美国海军"惠德贝岛"级船坞登陆舰

舰满载排水量600~1000吨,装载坦克数辆或登陆兵200名。登陆舰航速12~20节,装备有舰炮数门,主要用于防空和登陆时的火力支援。第一艘登陆舰是英国在第二次世界大战中用油轮改装而成。1940年,英国建造了LST1级大型登陆舰。此后,一些国家相继建造了大量的登陆舰,仅美国就建造了大型登陆舰1000多艘。战后,登陆舰航速提高,并设置直升机平台、装备了舰空导弹,作战能力有了很大提高。

☆航空母舰是如何编号的

除美国外,世界上其他国家均没有航空母舰的编号分类,只以某级某号形式相区分。美国建有大量的航空母舰,所以有一套完整的编号方法。不过,由于以ACV、AVG为代号表示的护航航空母舰、轻型航空母舰已不复存在,目前只有CV和CVN两种代号。CV代表常规动力多用途航空母舰,CVN代表核动力多用途航空母舰。其后的代号是从美国第一艘多用途航空母舰"兰利"号排列下来的,"兰利"号代号为CV-1,由于CV和CVN均是多用途航空母舰,所以其序号是相连续下去的,CVN-65是第1艘核动力多用途航母,但在多用途航母序列中,它是第65艘下水的多用途航空母舰。

俄罗斯库兹涅佐夫号航母

它是俄罗斯(前苏联)的第一艘可搭载固定翼飞机(不含垂直短距起降飞机)的航空母舰。该舰曾三易舰名,苏联解体后改为现名,并于1991年正式服役。

该舰的特点是,舰上装有滑橇式飞行甲板,舰上所装备的武器系统齐全,威力强大。满载排水量:67500吨,舰长304.5 m,舰宽37 m,飞行甲板最宽7.0 m,吃水10.5 m,动力装置为常规动力,8台锅炉,4台蒸汽轮机,4轴推进功率149兆瓦,航速30节,续航力13500海里。主要武器装备有12单元SS-N-19垂直发射反舰导弹系统(备弹12枚),4座6单元SA-N-9垂直发射防空导弹系统(备弹192枚),6座"卡斯坦"近战武器系统,6座6管30毫米炮,2座RBU12000型10管反潜火箭发射系统。可搭载固定翼飞机24架,直升机17架。舰员1700人。

印度维兰特号航空母舰

印度海军的维兰特号航空母舰原为英国竞技神号航母。该舰建于1944年,1955年服役,之后经过多次现代化改装,1982年曾为英国海军的马岛之战作出贡献。1986年5月,印度以6000万英镑的价格买入,并投资1500万英镑在英国德文波特船厂进行了改装和全面大修,1987年5月正式编入印度海军服役。该舰满载排水量28700吨,舰长226.9 m,舰宽48.8 m,航速28节。编制人员1350人。装备各类飞机14架。另有俄制防空导弹和电子战兵器。

☆小鹰号航母

小鹰号航母是美国海军最后一级常规动力航空母舰"小鹰"级的首舰，也是世界最大的常规动力航母，编号CV63，于1961年4月29日编入太平洋舰队服役，其母港设在加利福尼亚州的圣迭戈海军基地。小鹰号标准排水量为60100吨，满载排水量达到了81123吨，舰长323.6米，舰宽为39.6米，吃水11.4米，最大航速32节，以30节航速巡航时可连续航行4000海里，以20节航速巡航时可连续航行12000海里。该航母装备3座M29八联装"北约海麻雀"舰空导弹发射装置、4座MK15"密集阵"6管20毫米近防炮，配备有各种雷达、雷达预警系统、电子战系统，以及指挥、控制与通信系统。

小鹰号上载有第15舰载机联队，装备各型舰载机70架，其中包括F-14B"雄猫"战斗机10架、F/A-18C"大黄蜂"战斗/攻击机36架、EA-6B"徘徊者"电子战机4架、E-2C"鹰眼"预警机4架、SH-60F"海鹰"反潜直升机4架、H-60H"黑

小鹰号航母

鹰"救援直升机为2架，S-3B"北欧海盗"反潜机8架、C-2A运输机2架。

杜鲁门号航母

杜鲁门号为"尼米兹"级核动力航母中最新的一艘，即第8艘，1998年开始服役，编号CVN75，现隶属于美国大西洋舰队，目前部署在地中海。杜鲁门号核动力航母排水量达9.7万吨，其武器配备基本与同级航母相同。该航母搭载有第3舰载机联队，可搭载5000多名水手和68架各类作战飞机，其中包括F-14B"雄猫"战斗机10架、F/A-18C"大黄蜂"战斗/攻击机36架、EA-6B"徘徊者"电子战机4架、E-2C"鹰眼"预警机4架、SH-60F"海鹰"反潜直升机6架、S-3B"北欧海盗"反潜机8架。

航空母舰战斗群

每个航空母舰战斗群通常包括1艘航空母舰、两艘巡洋舰、2～4艘驱逐舰和2～4艘护卫舰，有时根据反潜需要，还配属1～2艘核动力攻击潜艇。"尼米兹"级航空母舰战斗群通常包括1艘"尼米兹"级航空母舰、1～2艘核动力巡洋舰以及数艘驱逐舰和护卫舰。

空中战鹰

KONG ZHONG ZHAN YING

☆垂直／短距起降飞机

鹞式飞机是世界上最早实现垂直起降的喷气式飞机。它可以不借助跑道而像直升机那样,自由起飞和降落。这是什么原因呢?原来,鹞式飞机的发动机与一般喷气式飞机不同,它能够产生2个方向的推力,即垂直向上的推力和水平向前的推力。从外形上看,它的发动机很像一套连衣裤,前后各有2个喷口,这4个喷口可以同时转动。当飞机起飞时,4个喷口同时向下偏转,直至完全垂直于地面,发动机产生的推力通过垂直喷口就像4根无形的柱子把飞机托起。飞机到了空中,飞行员便逐渐操纵喷口向后转动,此时便产生了一个水平的推力,飞机的重量便由机翼产生的升力支撑,发动机产生的推力推动飞机前进。

飞机着陆时,飞行员再操纵喷口逐渐向下偏转,飞机速度逐渐减小。当喷口完全垂直于地面时,由于飞机悬停在空中,

鹞式飞机

没有前进动力,机翼上的升力随之消失,飞机的重量又完全由发动机产生的垂直推力来支撑。而后,飞行员开始关小油门,减少发动机供油量,垂直推力渐渐变小,飞机开始缓慢下降,直至最后着陆。

由于鹞式飞机的发动机和一般飞机的发动机不同,因而整个起降过程只需一块空地便可完成,从而结束了喷气式飞机只能依赖跑道起降的历史。

美国、英国AV-8B鹞式垂直起降战斗机

AV-8B战斗机由麦道公司生产,是英国鹞式垂直/短距起降战斗机的美国改进型。武器装备及搭载能力和航程等性能均有明显改进。1978年试飞,1986年装备美国海军陆战队和英国空军。该机长14.12 m,最大时速1160 km,航程3817 km。装备有两门20 mm机炮,外挂导弹、火箭、炸弹3.75吨。

在"沙漠风暴"行动的第一天,从美航空母舰上起飞的AV-8B战斗机对伊军炮兵阵地实施了轰炸。

☆ F-35 战斗机

以美国为首、其他国家参与的F-35战斗机,是世界最先进的战机之一。该战机的机身后部采用钛铝合金材料和当今世界最为先进的数字式设计制造工艺,其研发费用将达到惊人的 2000 亿美元。

F-35"闪电"Ⅱ联合打击战斗机堪称世界上最为庞大的防务计划,目前它正处在"系统研发及展示"(SDD)阶段,这一阶段将产出21架测试飞机,其中15架用于飞行测试,6架用来作静力试验,另外还有一架高仿真度全比例模型,将用于测试飞机的雷达反射信号。

F-35战斗机

F-35发展的三种型号分别满足英美军队的不同要求。海军舰载型针对美国海军设计,目标是能够在大型航母上弹射起飞和阻拦降落,常规陆地起降型为美国空军设计;短距起飞/垂直降落型为美国海军陆战队和英国制造。

☆ 俄罗斯雅克-141 自由式战斗机

雅克-141是前苏联雅克夫列夫飞机设计局设计的世界上第一种超音速垂直/短距起落战斗机。雅克-141本来是前苏联用来接替已经在海军航空兵服役了十几年的雅克-36的,它搭载在轻型航母上,主要任务是舰队防空,同时也可以对地面和海上目标实施攻击,进行近距空中支援。首架原型机于1989年3月试飞,并于1991年在巴黎航展上公布了模型和照片,引起世界瞩目。

俄罗斯雅克-141 自由式战斗机

☆ F-16 "战隼" 战斗机

F-16是美国空军的一种单发动机轻型多用途战斗机,主要用于空战,也可用于

F-16 "战隼" 战斗机

近距空中支援,是美国空军的主力机种。该机于1978年开始装备美国空军。F-16飞机为悬臂式中单翼,进气道位于机身腹部。F-16采用了边条翼、空战襟翼、翼身融合体、高过载座舱、电传操纵系统等先进技术,再加上性能先进的电子设备和武器,使之具有结构重量轻、外挂量大、机动性好、对空对地作战能力强等特点,是具代表性的第三代战斗机。F-16飞机的机长为15.04米,机高5.09米,翼展10.01米,机翼面积27.87平方米,这种飞机的最大载弹量为5440千克,最大载油量为6230千克,最大平飞速度为M2.0(约为2120千米／小时),实用升限18300米,作战半径925～1200千米,

转场航程3890千米,起飞滑跑距离350米,着陆滑跑距离670米。F-16的机载武器包括1门20毫米6管航炮,备弹515发,机身外有9个外挂点,可挂2～6枚空对空、空对地导弹或制导炸弹、核弹及各种各样的普通航空炸弹。该机除装备美国外,还出口到一些国家和地区。海湾战争期间,多架F-16参战,主要执行对地攻击任务。

美国F-16式 "战隼" 战斗机

1991年,在海湾战争中,美国空军在实战中首次使用了F-16。F-16是在这场战争中部署量最多一种飞机,为251架,共出动了13480架次,在美军飞机中出动率最高。执行了战略进攻、争夺制空权、压制防空兵器、空中遮断等任务,是 "沙漠风暴" 等行动中的一大主力。

☆ F-22 "猛禽" 战斗机

F-22是美国空军的一种先进战术战斗机，也是21世纪初的主力机种。设计中要求飞机具有隐身性能、高机动性和敏捷性、能进行超音速巡航、超视距作战；具有下视（下射）能力、良好的空对空和空对地作战能力，并且具有在作战过程中先敌发现、先敌开火、先敌摧毁的能力。F-22是一种隐身飞机，它主要采用正常式外倾双垂尾布局，成功地将隐身外形设计技术、低超音速波阻技术、大迎角气动力技术等融合在一起，在隐身性能和机动性能之间取得很好的折衷。F-22的机身结构，

F-22 "猛禽" 战斗机

大量采用先进的复合材料，使其获得了前所未有的优良性能，成为第四代战斗机的典型代表。

F-22战斗机

F-22飞机的机长18.92 m，机高5.05 m，翼展13.52 m，机翼面积78.0m²，飞机空机重量13068kg，最大载弹量为7000 kg，最大平飞速度（超音速巡航）M1.58（约为1678 km/h），实用升限15240m。飞机的机载武器包括1门20 mm6管航炮，备弹480发，3个内置弹舱，两个侧武器舱可各挂1枚AIM-9近距空对空导弹，主武器舱可带4～6枚先进中距空对空导弹或4枚JDAM联合直接攻击炸弹。另外机翼下还有4个可承载2268 kg物品的外部挂架。

美国X45无人作战飞机

X45于2002年7月首度亮相。和现在军用无人机最大的不同是，X45能搭载导弹，甚至自动选定攻击目标，准确执行战斗任务，而目前的无人飞机只能侦测情报，或者对准事先设定的目标，进行自我毁灭性攻击。X45翼展长10.3 m、高度只有1.2 m，没有尾翼，速度最高达到每小时360km。能搭载1350 kg的炸弹，进行空对地轰炸。它是通过计算机远程操控，根据预先设定的路线飞行，控制人员可以调整速度。

☆ 苏 –27 战斗机

苏 –27 是俄罗斯空军的单座双发动机全天候空中优势重型战斗机,主要任务是国土防空、护航、海上巡逻等。这种飞机于 1985 年进入部队服役。苏 –27 飞机主要是针对美国的 F–16 和 F–15 设计的,具有机动性和敏捷性好、续航时间长等特点,可以进行超视距作战。

苏 –27 战斗机

苏 –27 翼展 14.7 m,最大载弹量 6000 kg,实用升限 18.300 km,机长 21.9 m,最大起飞重量 30000 kg,作战半径 1200 km。有 10 个武器外挂点,可挂 4 枚 AA–10 和 4 枚 AA–11 空空导弹,以及多种对地攻击武器。

☆ 苏 –37 战斗机

苏 –37 是俄罗斯苏霍伊设计局研制的多用途全天候超音速战斗机。苏 –37 获得了前所未有优异的气动性能,使苏 –37 在大攻击角度下同样可以具有高机动性,超敏捷性使其可以在任何位置锁定和攻击目标。苏 –37 飞机可以携带 14 枚空对空导弹或 8000 千克的武器,多功能前视雷达可以同时跟踪 15 个目标,4 个广角液晶显示器用于显示战术和飞行导航的数据。苏 –37 目前仍处于改进中,预计最终要到 2015～2020 年投入使用。

苏 –37 飞机的机长为 22.18 米,机高 6.43 米,翼展 14.7 米,机翼面积 62.0 平方米。飞机的最大载弹量 8000 千克,最大平飞速度 M2.3,约为 2500 千米／小时。实用升限 18800 米,最小飞行高度 30 米,最大航程(空中加油 1 次)6500 千米。

苏 –37 战斗机

☆美国F/A-18"大黄蜂"战斗攻击机

F/A-18战斗攻击机是美国第四代超音速战斗机最晚服役（1983年）的机型。在海湾战争中，F/A-18在以美国为首的多国部队争夺制空权的战斗中扮演了主要角色。有148架F/A-18参战，主要执行对地攻击任务，曾击落过伊拉克空军的米格-29战斗机。

美国F/A-18"大黄蜂"战斗攻击机

该机是单座双发舰载轻型战斗机，既可用于舰队防空，也可用于对地面攻击。机上载有1门20毫米机炮，翼尖带两枚"响尾蛇"空对空导弹，机翼下4个挂点，发动机舱下2个挂点，机身下一个挂点，可带两枚"麻雀Ⅲ"空对空导弹及其他武器。机翼可折叠，最大载弹量达5900千克。主要装备美国海军及海军陆战队，可与F-14配合使用。

F/A-18飞机的机长17.07米，机高4.66米，翼展（含翼尖导弹）12.31米，机翼面积37.16平方米。飞机的机载雷达可以远程搜索测距跟踪，可以同时跟踪10个目标，攻击其中的6～8个目标。F/A-18战斗攻击机的最大载油量为7748千克，最大载弹量为7710千克，最大平飞速度M1.8（约为1912千米／小时），实用升限15240米，作战半径（对地攻击）1020千米，最大转场航程3706千米，起飞滑跑距离490米，着陆滑跑距离850米。

F-15鹰式战斗机

F-15是美国空军现役的双发动机重型超音速战斗机，主要用于夺取战区制空权，同时兼具对地攻击能力，是美国空军的主力战机。1974年11月开始交付部队服役。具有突出的空战格斗能力，特别适用于近距格斗和超视距导弹攻击，是目前世界上第一流的战机。

☆ A-10 "雷电Ⅱ" 攻击机

A-10 是美国空军现役的一种的亚音速攻击机，主要用于攻击坦克和战场上的活动目标及重要火力点，是目前美国空军的主要近距空中支援攻击机。该飞机的低空亚音速性能好；生存力高，全机装甲总重550千克，可承受23毫米炮弹的打击，还有结构简单，反应灵活，短距起落等优点。

A-10 "雷电Ⅱ" 攻击机

A-10 飞机的机载武器包括一门30

A-10攻击机

在1991年的海湾战争中，有120架A-10飞机参战，并在反坦克作战中发挥了很大的作用。曾有一支A-10飞行部队，全队24架A-10飞机在24小时内消灭了伊拉克军队24辆坦克与装甲车。

毫米7管速射航炮，备弹1350发，可击穿较厚的装甲，主要用于攻击坦克和装甲车辆。机身外部可挂28颗MK80炸弹；20颗"石眼Ⅱ"集束炸弹，若干子母弹箱；6枚"幼畜"空对地导弹和两枚"响尾蛇"空对空导弹；4个火箭发射架等。A-10飞机的机长16.26米，机高4.47米，翼展17.53米，飞机空重11320千克，最大载油量10165千克，最大平飞速度740千米／小时，最大巡航速度623千米／小时，实用升限11000米，作战半径463～1000千米，转场航程4026千米，起飞滑跑距离610米，着陆滑跑距离325米。

☆ F-14 舰载战斗机

F-14 是美国海军的现役飞机,专门在美国海军航空母舰上使用的高技术舰载战斗机,从1972年装备舰队使用至今。F-14是一种双座、双发动机、双垂尾、变后掠上单翼、多用途超音速战斗机。飞机广泛采用钛合金,机体设计寿命为6000飞行小时,机翼可随飞行状态而变化,范围是20°~68°。飞机的最大载油量为9072千克,机载雷达可截获120~315千米距离内的空中目标,并可对超低空至高空不同距离内的24个目标进行跟踪和同时攻击其中6个目标。F-14战斗机在局部战争和突发事件中曾多次击落对手的飞机。1981年8月19日,在地中海演习的美军第六舰队两架F-14战斗机在1分钟的时间内击落了两架利比亚空军的苏-22战斗机。

F-14的机载武器为一门20 mm 六管机炮,备弹675发,可同时挂4枚"麻雀"、4枚"响尾蛇"空对空导弹,也可同时挂6枚"不死鸟"远距和两枚"响尾蛇"空对空导弹。

1989 年 1 月 4 日,在利比亚以北公海上空两架F-14战斗机击落了两架利比亚空军的米格-23战斗机,从飞机起飞到被击落整个空战持续了7分钟。在海湾战争、科索沃战争中,F-14战斗机都发挥了重要的作用。

"阵风"战斗机

"阵风"是法国目前正在为本国的空、海军研制的超音速战斗机。飞机的主要机载设备包括先进的通信、导航和座舱显示设备,其火控雷达可同时跟踪8个目标,并可评估威胁,确定优先进攻目标。"阵风"飞机的机长15.8 m,机高5.34 m,翼展11.2 m,机翼面积47.0 ㎡。飞机的最大载弹量8000 kg。飞机的空重9500 kg,最大载油量4250 kg,最大平飞

速度M2.0,约为2124 km/h,最大巡航速度为956 km/h,作战半径800 km,起飞滑跑距离400 m,着陆滑跑距离500 m。

☆中国歼11歼击机

我国从1992年开始先后引进了100多架苏-27型战斗机。这些战斗机已成为中国空军的主力机种。1997年俄罗斯与中国签订协议，从而使中国可以生产苏-27型战斗机。我国自己生产的这种战斗机被命名为歼-11。在组装仿制和国产化中，在我国出厂的苏-27逐个批次性能有所提高，整机进口的苏-27也不断得到改进，尤其在电子设备方面。

2003年12月6日，歼-11新型号完成试飞，标志着该型号的研制工作进入了

中国歼11歼击机

全新阶段。作为中国21世纪前20年的绝对主力，歼11具备反辐射导弹发射能力，装备新型霹雳系列反辐射空空导弹和鹰系列反辐射导弹，完善的对地攻击功能和种类繁多的对地面攻击弹药，包括集束炸弹和激光制导微波制导，电视制导炸弹等，并且能完成地面无缝扫射，还装备散布器可以散布地雷。带副油箱，具备空中加油能力，最重要的是最新的自动检测系统，全新的补给拖车系统，更适合空运。歼11的的造价是歼10的2/3左右。

该机机长为21.935米，翼展14.948米，最大起飞重量33000千克，飞机升限18000米，最大的飞行速度高度200米时1400千米/小时，高度1100米时2300千米/小时。

中国台湾IDF经国号战斗机

中国台湾空军装备的IDF经国号战斗机。该机由中国台湾航空工业发展中心自行研制，1983开始设计，1992年开始装备部队。该机最大马赫数约1.7，升限16750 m。主要用于空空作战、夺取制空权作战。也可以对地攻击、反舰作战。

☆ "狂风"战斗轰炸机

"狂风"(又译为旋风、龙卷风)是英国、德国、意大利共同研制的双座、双发超音速变后掠翼战斗机。1980年7月服役,作战半径833～1390千米。

"狂风"轰炸机能进行:1.孤立战场及近距离空中支援;2.战场纵深遮断;3.制空;4.陆基海上攻击;5.截击;6.侦察。

"狂风"战斗机目前分三大类:对地攻击型、防空型、电子战及侦察型。对地攻击型最大载弹量8吨,装有两门27毫米"毛瑟"机炮,备弹为360发,有外挂架7个,能携带多种武器。装有"响尾蛇"、"天空闪光"、"麻雀"等空空导弹;"幼畜"、"鸬鹚"等空地导弹;FBU-15制导炸弹,"宝石路"激光制导炸弹;各种集束炸弹、减速炸弹等。

"狂风"轰炸机

☆ B-52"同温层堡垒"战略轰炸机

B-52轰炸机是美国空军的洲际航程重型轰炸机,空中加油后可进行环球不着陆飞行。最大时速1010千米,总载弹量可达270吨。

该机可携带20枚AGM-69近距攻击导弹(SRAM),该弹战斗部核装药为17万吨TNT当量。经改装的G/H型还可携带20多枚AGM-86B空中发射巡航导弹(ALCM),这种导弹战斗部核装药为20万吨TNT当量。B-52G型机还可携带AGM-84A"鱼叉"反舰导弹,战斗部为

美国B-52"同温层堡垒"战略轰炸机

穿甲爆破型。

海湾战争第一天，美军从位于印度洋的迪戈加西亚岛空军基地出动20余架B-52H轰炸机，使用AGM-142常规装药的巡航导弹对伊军重要目标进行打击。在"沙漠军刀"行动中，又对被困在幼发拉底河畔的伊拉克共和国卫队进行了"地毯式"轰炸，使伊军遭到重创。

B-52"同温层堡垒"战略轰炸机

☆美国B-1B变后掠翼超音速战略轰炸机

B-1B飞机是美国空军现役的变后掠翼超音速远程多用途战略轰炸机，主要用于执行战略突防轰炸、常规轰炸、海上巡逻等任务，也可作为巡航导弹载机使用。B-1B飞机为变后掠翼正常式布局，采用翼身融合体技术，将机翼和机身作为一个整体进行设计，既减少了阻力又增加了升力，四台发动机双双并列装在机翼下的发动机短舱内，并进行了隐身处理，使其雷达反射截面积仅为B-52飞机的1%。

美国B-1B战略轰炸机

B-1B轰炸机

B-1B飞机的机长44.81 m，翼展41.67 m，机翼面积181.20 m²，飞机座舱内乘员为4人。飞机的空重87090 kg，最大载油量88450 kg。飞机最大平飞速度M1.25，约为1328 km/h，最大巡航速度M0.7，约为743 km/h，实用升限15000 m，作战半径4800 km，转场航程12000 km，起飞与着陆的滑跑距离约为2530 m。

B-1B轰炸机

☆"海盗旗"战略轰炸机

"海盗旗"战略轰炸机是俄罗斯空军装备的四发动机变后掠翼超音速远程战略轰炸机,用于执行战略轰炸任务。1987年5月开始进入部队服役,1988年形成初始作战能力。作战方式以高空亚音速巡航、低空高亚音速或高空超音速突防为主,在高空可发射具有火力圈外攻击能力的巡航导弹,对付防空压制时,可以发射短距攻击导弹,此外,飞机还可以低空突防,用核炸弹或核导弹攻击重要目标。

飞机的机载武器包括:弹舱内可选挂各种航空炸弹、火箭弹与核炸弹,可带20枚大型空射巡航导弹,射程约2000~3000千米,还可挂短距空对空攻击导弹。飞机的空重118000千克,最大载弹量16330千克,飞机的最大平飞速

"海盗旗"战略轰炸机

飞机的机长54 m,机高12.8 m,翼展55.7 m。飞机的主要机载设备包括地形规避雷达、导航/攻击雷达、预警雷达、天文和惯性导航系统、航行坐标方位仪,机前机身下部整流罩内装有辅助武器瞄准摄像机以及各种先进的电子对抗设备等。

度M2.3,约为2442千米/小时,最大巡航速度M0.9,约960千米/小时,实用升限15000米,作战半径7300千米。

战斗轰炸机

战斗轰炸机是以对地攻击为主、对空作战为辅的战斗机,可携带多种炸弹、导弹、核弹攻击敌战场上或后方纵深内的地面目标,也可载空空导弹执行空战和截击任务。战斗轰炸机分两种类型:一种是由制空或截击战斗机改装的,如美国的F-4D、F-15E,前苏联的"苏"-7、"苏"-17,法国的"幻影"等。这种飞机载弹量较小,航程较短,全天候作战能力较差,但空战能力较强。另一种是专门研制的战斗轰炸机,如美国的F-111、前苏联的"苏"-24、法国的"阵风"等,其主要特点是载弹量大,航程远,全天候作战能力强,但空战能力较差。

☆ 隐形飞机

崂山道士的故事说明人总是渴望得到隐身术。而当今人们追求飞机的"隐身术"却是掌握新科学、高技术的体现。F-117、B-2这些飞机,已经成为飞机家族中的"隐身骄子"。

隐形飞机的"隐身术"是专门用来对付雷达这个"千里眼"的。为了使雷达看不见,这种飞机的外形与一般飞机不同,做得很奇怪。可见,隐形飞机的外表和它所使用的非金属、吸波性材料是其"隐身术"的绝招。

美国YF-23隐形战斗机,它的隐形性能比现役的F-117飞机更为出色。

☆ F-117A 战斗轰炸机

F-117A是美国空军现役的一种单座亚音速隐身战斗／攻击机,具有优越的雷达、红外探测隐身能力,主要用于携带激光制导炸弹对目标实施精确攻击。1982年8月23日开始交付美国空军使用。

F-117A飞机的机长20.08米,机高3.78米,翼展13.20米,机翼面积84.8平方米,飞机空重13381千克,飞机的最大平飞速度M0.95,约为1040千米／小时,作战半径1056千米。

F-117A飞机的机载武器都挂在内置的武器舱内,可以携带美国空军战术战斗机的全部武器,机身内最大载弹量2268千克。可携带2枚908千克重的炸弹:BLU-

F-117A战斗轰炸机外表像一块块的板子拼接在一起,有棱有角,像玻璃幕墙一样。这种稀奇古怪的形状使雷达伤透了"脑筋"。

109B 低空激光制导炸弹或GBU-10／GBU-27激光制导炸弹,还可装AGM-65"幼畜"空对地导弹和AGM-88反辐射导弹,也可以携带 AIM-9"响尾蛇"空对空导弹。

☆ B-2A "隐形斗士" 隐形轰炸机

B-2A飞机是美国空军现役的一种隐形战略轰炸机,1999年北约在对南联盟空袭中,首次动用了B-2A战略轰炸机,使这种飞机第一次用于实战。B-2A隐形轰炸机采用翼身融合、无尾翼的飞翼构形,机翼前缘交接于机头处,机翼后缘呈锯齿形。机身机翼大量采用石墨/碳纤维复合材料、蜂窝状结构,表面有吸波涂层,发动机的喷口置于机翼上方。这种独特的外形设计和材料,能有效地躲避雷达的探测,达到良好的隐形效果。B-2A隐形轰炸机的单价高达2.2亿美元,是世界上迄今为止最昂贵的飞机。

B-2A隐形轰炸机有三种作战任务:一是不被发现地深入敌方腹地,高精度地投掷炸弹或发射导弹,使武器系统具有最高效率;二是探测、发现并摧毁移动目标;三是建立威慑力量。美国空军扬言,B-2A隐形轰炸机能在接到命令后数小时内由美国本土起飞,攻击世界上任何地区的目标。

B-2A隐形轰炸机的机长21.03米,机高5.18米,翼展52.43米,飞机的空重50000千克,最大载油量70000千克,最大平飞速度M0.98,约为1060千米/小时,最大载弹量为25000千克,无外挂点,武器全部内载于弹舱,可携带巡航导弹、核炸弹、常规炸弹等。B-2A飞机最多能携带16枚核炸弹和16枚大型常规炸弹,还可携带80枚集束炸弹及36枚联合攻击弹药,或携带8枚防空区外攻击导弹与16枚全球定位系统(GPS)辅助制导的炸弹。飞机最大巡航速度M0.8,约为850千米/小时,实用升限19240米,转场航程16000千米,进行一次空中加油则航程超过18500千米。

B-2轰炸机的外形是个大扁片,没有垂直的尾翼,没有传说的机身,也没有传说的机翼,机身和机翼融为一体,不给电磁波以反射的机会。因此,有的人不叫它飞机,而叫它"飞镖"或"飞翼"。

☆ 军用运输机

军用运输机是用于空运兵员、武器装备,并能空投伞兵和大型军事装备的飞机。在现代战争中,军用运输机是提高作战部队机动性,加强应变能力的重要手段。

军用运输机分为战略和战术运输机两类。

美国 MD11 运输机

☆ 美国 C-130 "大力神" 运输机

C-130 是美军中程多用途战术运输机。1951 年开始设计,1954 年开始试飞。该机翼展 40.41 米,最大起飞重量 70130千克,最大巡航速度每小时 621 千米。

海湾危机爆发,美国军队部署沙漠盾牌行动时,C-130 运输机和其他美国军队的运输机一起迅速将美军的大批装备和战斗部队运抵沙特阿拉伯。

战术运输机

战术运输机的主要任务是在前线地区从事近距离的军事调动、后勤补给、空降伞兵、空投军用物资和疏散伤病员等。特点是载重量小,有短距起落能力,能在中小型机场或简易场地起落。这类飞机最著名的是美国洛克希德公司的 C-130 "大力士",自 1956 年 12 月正式服役以来已有 2000 多架交付使用,目前仍在继续生产的飞机有前苏联的安-12、法德联合研制的 C-160 "协同"、意大利的 G-222 和中国的运-8 等。

C-130 "大力神" 运输机

☆ "环球霸王Ⅲ" C-17 战略运输机

C-17是美国空军目前装备的最新型军用战略运输机。它是为了满足美国空军全球机动、全球作战的需要,实施战略空运、兵力投送而使用的一种重型运输机。C-17运输机可以在前线简易机场起降遂行作战任务,既能执行远程运输任务,又可将超大型作战物资和装备如坦克和大型步兵战车、武装直升机等装备直接运入战区,因此设计中特别强调短距起落能力。1992年开始交付部队使用。C-17运输机在科索沃战争与阿富汗战争中都曾大量使用遂行兵力部署和货物的运输。

C-17战略运输机

C-17的飞行机组通常3人。驾驶舱中正、副驾驶员和一名装载长,驾驶舱后有机组人员休息舱。主货舱可装运陆军战斗车辆:5吨载重货车两辆并列,吉普车3辆并列或3架AH-64A直升机,可空投27215~49895 kg货物,或空降102名伞兵。C-17是惟一能空投美陆军超大型步兵战车M2的飞机,也可与其他车辆混合装载M1主战坦克。C-17飞机的正常巡航速度M0.77,约为818 km/h,空投速度213~463 km/h,进场着陆速度213 km/h,实用升限13715 m,起飞滑跑距离2286 m,着陆滑跑距离915 m,航程4630 km。

俄罗斯伊尔-76大型运输机

飞机的机长46.50 m,机高14.70 m,翼展50.50 m,可运载坦克、装甲战斗车、卡车和150名全副武装的士兵或130名伞兵。

伊尔-76大型运输机属于俄罗斯的最重要的战略运输机,它在俄军事战略中扮演着不可代替的后勤保障角色。在1999年科索沃维和行动中,俄罗斯出动6架伊尔-76大型运输机,先将1000名士兵和物资运送到科索沃境内,然后空降200多名伞兵,以迅雷不及掩耳之势抢占了普里什蒂纳机场,赢得了俄罗斯同北约讨价还价的重要筹码。

☆电子对抗机

电子对抗飞机是专门用于对敌方雷达、电子制导系统和无线电通信设备等实施电子侦察、电子干扰或攻击的飞机的总称,它包括电子侦察机、电子干扰机、反雷达飞机等,通常用轰炸机、战斗轰炸机、攻击机、运输机、无人机或直升机改装而成。

F—4G"野鼬鼠"电子战飞机

主要用于干扰并摧毁敌防空导弹、雷达,为攻击飞机开出安全通道。

EA—6B"徘徊者"电子战飞机

☆电子干扰飞机

电子干扰飞机,主要用以对敌方防空体系内的对空情报雷达、地空导弹制导雷达、炮瞄雷达和无线电通信设备等实施电子干扰,掩护航空兵突防。近年比较有代表性的电子干扰飞机是美国海军的EA—6B和美国空军的EF—111A等。EA—6B有10部干扰机分装在5个吊舱里,挂在机身和两翼下。整个系统的辐射功率接近兆瓦级,是世界上功率最大的机载电子干扰系统。

☆侦察机

侦察机是专门用于从空中获取情报的飞机。

按执行任务的范围,侦察机可分为战略和战术两类。前者的特点是航程远、具有高空高速飞行能力,装有性能完善的侦察设备、能深入敌后方地域对重要目标实施战略侦察;后者多由战斗机改装而成,加装侦察设备,用以获取战役战术情报。

SR—71"黑鸟"高空侦察机

☆反潜机

现代反潜机装有航空综合电子系统，其中有各种探测器和导航、通讯及武器控制系统。探测器包括声学和非声学两类。前者如"声呐"浮标下位系统，它能把水中潜艇发出的噪音变成无线电信号，自动送回飞机从而确定潜艇的位置；后者包括反潜搜索雷达、磁异探测器、前视红外探测器、电子干扰设备及照明系统等。反潜机的武器包括鱼雷、普通炸弹、深水炸弹、水雷和火箭等，武器控制系统可以自动工作，也可以人工操纵。

固定翼反潜飞机包括岸基、舰载和

美国P—7反潜机

P-7是美国海军在P-3C"猎户座"反潜机基础上改进的一型反潜巡逻机。

该机的设计要求有4个：一是装载先进的航空电子设备，含150枚声纳浮标等；二是续航时间在4小时以上，航程不小于3000 km，巡航速度在0.55马赫以上；三是以反潜为主，兼顾反舰和布雷，可载8枚MK-46或MK-50鱼雷及4枚"鱼叉"反舰导弹；四是可使用P-3C的设施，能以最大重量在2438 m长的跑道上起飞。

PS—1水上反潜巡逻机

PS-1是日本新明和公司研制的反潜巡逻水上飞机，是一种性能较好的反潜机。该机1964年开始设计，1968年配备日本"海上自卫队"。PS-1能在水面浪高3 m，风速达25 m/s的情况下，顺着水，把大型提吊式声纳放到150 m的深度进行搜索，每次搜索6分钟，声纳的作用半径27.8 km，然后收起声纳起飞，这样反复20次，搜索距离达1110 km。飞机的尾部装有可伸缩的磁异探测杆，可以测出潜艇的位置。飞机的反潜武器有4枚鱼雷，6枚127 mm火箭和4颗150 kg深水炸弹。

水上飞机三类。岸基反潜机的代表是美国洛克希德公司的P-3"奥利安"。舰载反潜机的主要任务是随航空母舰执行机动反潜任务，包括对潜艇实行搜索、监视、定位和攻击。

现役中的舰载反潜机的典型，是美国S-3"北欧海盗"双发涡扇式全天候高亚音速飞机。

水上反潜飞机能在水上起降，其他与岸基反潜飞机相同，主要代表有前苏联的别-12、日本的PS-1等。

☆美国E-2C"鹰眼"预警飞机

美国E-2C"鹰眼"预警飞机

E-2C"鹰眼"预警飞机是由美国格鲁曼公司研制生产的一种螺旋桨式舰载空中预警机,主要用于航空母舰战斗群的空中警戒。该机既具有警戒能力,又有指挥引导能力。机上雷达的探测距离达480千米,能监视1250万立方千米的空域,可同时控制139架战斗机,监视200架飞机。机

上还装有敌我识别询问器。E-2C预警飞机时速500千米/小时,实用升限9390米,一次空中加油能在空中飞行4～6小时,机上乘员共5人。

在海湾战争中,从停泊在波斯湾的美国航空母舰上起飞的20多架E-2C预警飞机参加了"沙漠风暴"行动。

美国E-2C"鹰眼"预警飞机

　　1991年海湾战争爆发,但仍处于试验阶段的两架E-8A型飞机就被派往海湾前线,参加了"沙漠风暴"行动,接受实战检验。战争期间,两架E-8A飞机共飞行749架次,作战飞行时间共计500多小时。在它们所执行的多次任务中,有两次任务最令人难忘:一次是当E-8A飞机探测到伊拉克增援部队的80辆机动车辆正向哈夫迪城前进时,多国部队依据E-8A提供的情报,迅速调集战术空中力量,及时阻截了伊拉克的增援部队,使战事向有利方向发展。另一次是在伊拉克部队大规模从科威特市撤出期间,E-8A探测到有数千辆正逃跑的车辆,并适时地将伊军的撤军信息及时地传输给了多国部队的空军作战中心,指挥官们依靠这些情报采取行动,在伊拉克部队撤出科威特市外的必经之路上,利用战术空中力量,阻断并全部消灭了伊拉克的这支机械化部队。

☆中国空警-2000预警机

中国自行研制并正式列装中国空军的大型空中早期预警控制平台,搭载远程相控阵雷达,采用伊尔-76大型运输机作为载机,机上乘员10～15人。最大起飞重量175吨,最大航程5500千米,续航时间12小时,同时跟踪60～100个目标,探测距离470千米,速度850千米/小时。

空警-2000上安装的固态有源相控阵雷达、显像台软件、砷化镓微波单片集成电路、高速数据处理电脑、数据总线和接口装置等高精尖设备,均为中国自己设计和生产。

中国空警-2000预警机

☆美国E-3A "望楼" 预警机

美国E-3A "望楼" 预警机是美国波音公司以波音707型飞机的机体为基础研制的。除美国空军采用外,沙特、英国和法国空军也购买了这种飞机。该机机身上方安装圆形旋转天线罩,罩内有AN/APY-1型S波段脉冲多普勒雷达。工作时旋转天线罩由液压驱动,每分钟转6周。当该机在9000米高度飞行时,机载雷达可探测有效半径370千米范围内的高空与低空空中目标。有下视能力,抗干扰能力也相当强。

海湾战争中,美军共派出5架E-3A预警机,指挥美空军对伊拉克军事目标进行轰炸,协调美空军完成截击、格斗、对地/对海支援、遮断、空运、空中加油、救援等各种空中作战任务,被称为"空中指挥所"。

美国E-3A "望楼" 预警机

☆ KC-10 "补充者" 空中加油机

KC-10 "补充者" 空中加油机是美国空军现役的一种将空中加油和运输机任务结合在一起,从而使其能够向战斗机全球部署、战略空运、战略侦察和常规作战行动提供有力支援的加油/货运两用飞机。该机于1981年交付部队使用。

飞机上的空勤组共4人。飞机的机长55.35米,机高17.70米,翼展50.40米,机翼面积367.7平方米。

飞机的空重109328千克,最大载油量161508千克,最大可供油量90270千克,加油点数量1个,加油率5678升/分,加油高度11278米,加油时飞行速度324~695千米/小时,实用加油半径1852千米,最大平飞速度M0.92,约为965千米/小时,转场航程18507千米;起飞与着陆滑跑距离3350米。

KC-10空中加油机在1986年美军对利比亚的"外科手术式"空袭作战和海湾战争、科索沃战争中都发挥了重要作用。

美KC-10 "补充者" 空中加油机

KC-10的原型机是DC-10喷气客机。

一般来说,军用飞机中的加油机、侦察机、电子战飞机和预警机等飞机很少是专门设计的机体,大都是用优秀的其他空中飞机做平台改装的。一是节约成本,二是便于维护保养。

俄罗斯伊尔-78空中加油机

绰号"大富翁",由伊尔-76军用运输机改装而成,1978年交付使用。这种加油机主要用于给远程飞机、前线飞机和军用运输机进行空中加油,同时还可用作运输机,并可向机动机场紧急运送燃油。它采用三点式空中加油系统,可同时为3架飞机加油。

☆美国 AH-64 阿帕奇攻击直升机

AH-64 阿帕奇直升机是美军新装备的先进攻击直升机,以反坦克为主,也可对地面部队进行火力支援。这种直升机主要装备陆军重型师,是美军实施快速打击的重要武器。据称一架 AH-64 阿帕奇直升机可消灭 2 个连的坦克,因而有"坦克杀手"之称。

该机武器系统包括机身两侧挂载的16 枚"狱火"式激光制导反坦克导弹,机身下还装有 4 个 70 毫米火箭发射器,机头下部安装了一门 30 毫米机关炮,此外还安装了"毒刺"式导弹发射器。在海湾战争

美国 AH-64 阿帕奇攻击直升机

中,AH-64 阿帕奇攻击直升机成为美军对付伊拉克集群坦克的杀手锏。

该机与其他直升机相比,"阿帕奇"的突出特点是:1.火力强,它以反坦克导弹为主要武器,另外还有机炮和火箭等;2.装甲防护和弹伤容限及适坠性能好;3.飞行速度快;4.作战半径大,可达 200 千米左右;5.机载电子及火控设备齐全,具有较高的全天候作战能力和较完善的火控、通信、导航及夜视系统;6.具有"一机多用"能力。

美国 RAH-66 科曼奇直升机

美国 RAH-66 科曼奇直升机在机头下方旋转炮塔内装双管 20 mm 口径火炮,备弹量为 500 发;机身两侧各有一个单开门武器舱,每侧可载 3 枚"海尔法"或 6 枚"毒刺"导弹或其他武器;每侧的选装短翼翼尖可载 4 枚"海尔法"或 8 枚"毒刺"导弹或辅助油箱。

阿帕奇攻击直升机

☆ UH-60 "黑鹰" 直升机

UH-60 "黑鹰" 为美国陆军双发单旋翼战斗突击运输直升机。1978年10月首次飞行,1979年开始交付使用,有多种型别,该直升机性能可靠先进,高性能尤为突出。基本型UH-60A机长19.76米,机身宽2.36米,高5.13米,机身为半硬壳

UH-60 "黑鹰" 直升机

结构。由于大量采用各类树脂和纤维等复合材料,其空重较轻。该机最大起飞重量约10吨,最大平飞速度293千米/小时,最大巡航速度268千米/小时,实用升限5790米,航程603千米,最大转场航程2220千米。载员舱可容纳1名随机机械师和11名全副武装的士兵及相应装备。机身两侧舷窗内的架子上可装两挺M60机枪,在必要时可提供火力支援。该机除可挂载火箭、布雷器外,还于1987年在各种飞行条件下通过昼夜发射"海尔法"导弹的鉴定,使该直升机具备更强的攻击能力。"黑鹰"在美军的历次海外用兵中,包括美军入侵格林纳达、巴拿马、海地和海湾战争中,多次扮演过重要角色。同时,该型机也是美国陆军第101空中突击师的主要装备之一。

直升机在军事领域中的应用

直升机在军事领域中的应用非常广泛和重要。20世纪50年代直升机开始在阵地前沿直接参战。60年代美国在侵越战争中投入数千架直升机,不仅用作主要补给和营救工具,而且进行机降和火力支援。此后的历次局部战争,直升机无处不在。1991年海湾战争中,多国部队全部3900架航空器中,直升机约2000架,占一半以上,对切断萨达姆的共和国卫队的退路起了很大的作用。

激光与雷达

JI GUANG YU LEI DA

☆激光武器有什么优点

你知道激光武器吗？它可以直接利用激光的巨大能量，在瞬间伤害或摧毁目标。它分为低能激光武器和高能激光武器两大类。低能激光武器又称为激光轻武器，包括激光枪、激光致盲武器等；高能激光武器又称为强激光武器或激光炮。

激光武器的威力十分巨大。激光轻武器能在几百米范围内击穿敌人钢盔、装甲车的厚甲板；能在2000米范围内轻而易举地使人失明，烧焦皮肉，使衣服、房屋等着火，点燃爆炸物。

高能激光武器的能量强大而且集中，可以摧毁任何军事目标。它射击时不用计算提前量，指到哪里就能打到哪里，命中率极高。此外，激光武器没有后座力，转向灵活，能迅速地从一个目标移向另一个目标，还可以同时对付几个目标。因此，激光武器的威力很大，没有一样常规武器可以跟它相比，可以说是武器中的佼佼者。

美国激光机载武器

世界上第一支激光枪是1978年研制成功的，此后，各种激光武器陆续问世。目前战场上使用的高能量激光枪，也就是激光致盲器，可以在2 km的距离内使人顷刻失明。那么，激光致盲器是怎么回事呢？原来，人之所以能看到外界景物主要是视网膜在起作用。人的视网膜中间有一个黄斑，黄斑正中间有个浅浅的直径仅为0.5 mm左右的中心窝，这是视网膜中视觉最敏感的部位，一旦中心窝受到损伤，就有可能导致人失明。

当外来激光束射入人眼之后，激光首先经过人眼晶状体，晶状体便自动聚焦，在视网膜上形成一个小光斑，能量高度集中于一点。由于视网膜吸收光的能力很强，这就使落在视网膜上的光能迅速转化为热能，会立即烧伤视网膜，引起大面积充血，视力衰减。如果小光斑正巧落在视网膜中间的黄斑中心窝上，那么，人就会因中心窝被烧毁而失明。

☆激光是怎样站岗放哨的

在军事上，许多重要的地方都需要有人站岗放哨，以保证绝对的安全。然而，由人来站岗的最大缺点就是哨兵的隐蔽性差，容易暴露，易受袭击。自从激光问世以后，人们研究出了一种专门用于警卫的激光监视系统，用它来站岗放哨，既安全又放心。

激光监视系统实际上是一种简易的光电报警装置。它由激光发生器、光电探测器以及普通声、光电子控制电路等组成。通常把这套系统放置在哨卡或要地附近比较隐蔽的地方。当它工作时，安放激光发生器的地方发出一道看不见的红外激光束。这束红外激光穿过需要警戒的地方到达另一端。放置在另一端的光电探测器同时接收激光发生器发射来的红外激光束。这样，在激光发

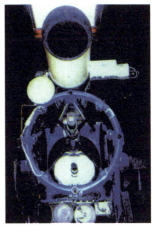

美国"火池"激光雷达

生器和光电探测器之间就形成了一条看不见、摸不着的激光警戒线。

当有人通过警戒线时，由于激光被人的身体遮挡住，光电探测器接收不到激光束，正常工作遭到破坏。于是，声光控制系统便自动接通红色信号灯和警报器，发出报警信号。

中国单兵激光炫目器

你听说过泡沫胶条武器吗？这是一种新发明的特种武器。泡沫胶条武器很特别，它并不对人体造成任何伤害，但它能产生无数黏性很强的泡沫或胶条，将人牢牢缠住，使人失去行动自由。

泡沫胶条有两种类型：一种储存在一定容器内，放在需要保护的机密重地。当有人潜入时，就会立即陷入无数黏性泡沫的包围之中，再也无法行动；另一种则装入可移动的喷枪式发射器，可在任何地方使用。

美国"肥皂泡"泡沫武器

☆波音 YAL-1 机载激光系统

美国空军的波音YAL-1机载激光导弹防御系统安装在经改装的波音747客机的前端和顶部。它可以从外面逐步加热来袭导弹,直至爆炸。它还能击落以光速来袭、远在数百英里之外的导弹。其击落导弹的速度和精确度绝对超过任何反弹道武器。其机密射程可能在数百英里之外,因此,它甚至能在导弹离开敌人领土之前将其摧毁,而且本身也许永远不会被击落。

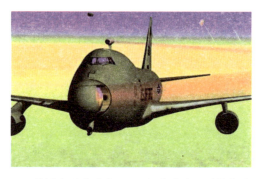

美国空军的波音YAL-1机载激光导弹防御系统,安装在经改装的波音747客机的前端和顶部。

☆ 雷 达

雷达是通过发射和接收无线电波来搜索和探测目标的一种电子装置。英文RADAR是"无线电探测和测距"一词的缩写字头,中文雷达为音译名,没有实际含义。

苏30MKK 战斗机所配相控阵雷达

☆ 相控阵雷达

相控阵雷达是雷达中的多面手,具有许多种雷达的功能。一部大型的地面相控阵雷达,可以同时完成对不同目标进行远程警戒、引导、跟踪、制导等任务。

为什么相控阵雷达能具有多种雷达的功能呢? 这与它独特的设计分不开。如美国装备的丹麦眼镜蛇地面相控阵雷达,在固定不动的圆形天线阵上,排列着15360 个能发射无线电波的辐射器,还装有 2000 个不发射无线电波的辐射器。这15360 个辐射器分成96组,与其他不发射无线电波的辐射器搭配起来,分布在天线阵的不同部位上。每组由各自单独的发射机供给电能,也由各自单独的接收机来接收自己的回波。所以,实际上它是96部雷达的组合体。这96部雷达有机地联系在一起,由电子计算机统一控制。对于某些遥远的目标,它可以把所有雷达组合起来向一个方向发射,能量集中,相当于远程警戒雷达。对于较近的目标,又可以分工负责,分别跟踪、引导和搜索别的目标,这又像跟踪雷达、引导雷达、搜索雷达同时工作。因此,它可以在短时间内对付多方向上的300多个目标。

美国最大的"丹麦眼镜蛇"弹道导弹预警相控阵雷达。它有高达30多米,可以探测到5000 km外远的像篮球一样大小的飞行物。

☆隐形飞机克星——维拉雷达

用隐形技术偷袭对方是当代交战中的绝招。美军隐形飞机在1991年海湾战争中横扫战场,堪称天下无敌!然而,1999

维拉雷达

维拉雷达是捷克雷达专家、人称"雷达怪杰"的弗佩赫发明的。他的思维与众不同,多技术怪招。传统雷达靠发出强列的电磁波搜索信号去搜寻目标,维拉雷达反其道而行,靠大量接收信号而使目标现形。

年3月28日是美军的一个"黑色星期日",当天参加科索沃战争的一架F－117A隐形战斗机,在南斯拉夫上空被南联军使用萨姆－3防空导弹击落,隐形飞机号称天下无敌的神话被打破!

南联军何以能打下号称天下无敌的F－117A隐形战斗机呢?这要归功于与传统雷达工作原理截然不同的维拉雷达,它让隐形飞机原形毕露,被防空导弹捉个正着。

捷克研制的这种维拉雷达,已有40多年的历史。20世纪60年代生产出第一代产品叫科帕奇,70年代推出第二代产品拉莫那,80年代推出第三代产品塔马拉,即无源雷达探测系统之意。

☆在夜间大显身手的蓝盾系统

你听说过蓝盾系统吗？这是一种安装在战斗机上，用于夜间作战的低空导航和捕获目标、跟踪目标的综合系统。它集红外、激光、雷达等多种技术和多种设备于一身，在夜战中非常有用。

蓝盾系统由两个吊舱组成，一个是由宽视场前视红外探测器和地形跟踪雷达组成的夜间低空吊舱；另一个是由窄视场前视红外探测器和自动目标跟踪器、激光目标指示器、激光目标测距器组成的目标捕获吊舱。这两个吊舱可以分别使用，互不干扰。

夜间低空导航吊舱的红外探测器利用夜间目标周围温度低，与目标形成温差的现象进行工作，可测出0.056℃的温差，灵敏度极高，并可在夜间透过雾尘发现目标。地形跟踪雷达可提供飞行航线上的地形剖面图，显示危险高地的数据，发挥地物回避功能，并在众多的物体中发现攻击目

标。经过选择确定的目标，实施攻击的准确程度在10米以内。目标捕获吊舱通过自动目标跟踪器来捕获和跟踪目标；通过激光指示、测距系统进行瞄准，实施轰炸或发射激光及红外制导武器，并提供放大17倍的图像。装备了蓝盾系统的战斗机夜间空袭时，大大提高了夜间低空突防和轰炸能力。

机载激光反导弹攻击系统

它能在空中像手电筒照射一样摧毁地面的敌方坦克等目标。